LE LIVRE DES MERVEILLES TECHNOLOGIQUES

Le Livre des merveilles technologiques contient de nombreuses illustrations vidéos. Vous pouvez y accéder avec un smartphone ou une tablette dès que vous apercevez un QR Code comme celui reproduit ci-dessus. Voici comment procéder :

1 La plupart des smartphones contiennent une application pour lire les QR Codes. Pour y accéder, tapez « QR code » sur l'interface de recherche de votre appareil. Si rien n'apparaît, vous pouvez en télécharger une gratuitement.

2 Une fois l'application lancée, viser avec l'objectif de l'appareil photo le QR Code imprimé sur la page. Un message vous demande si vous souhaitez ouvrir le lien vidéo, répondez « OK ».

3 Orientez de préférence votre écran à l'horizontale afin de regarder le film en plein écran. Vous pouvez stopper à tout moment la vidéo en appuyant sur l'image.

« Qui ne l'a vu ne pourrait le croire »
Marco Polo, *Le Livre des Merveilles*

IGOR & GRICHKA **BOGDANOV**

LE LIVRE DES MERVEILLES TECHNOLOGIQUES

Flammarion

INTRODUCTION

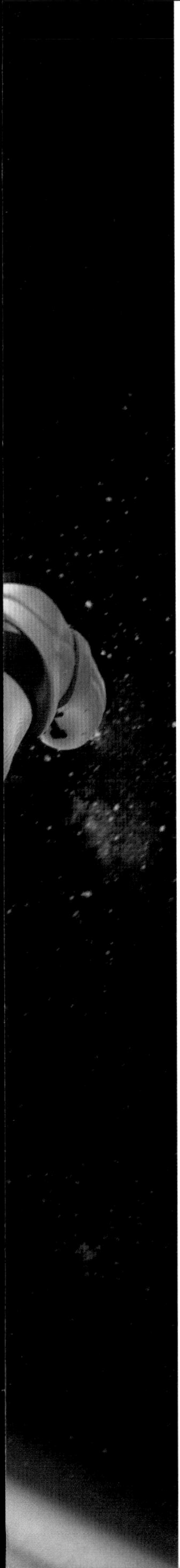

Bienvenue à tous !
Bienvenue dans le monde des merveilles technologiques, là où l'avenir se lève, mystérieux, imprévisible, mais fascinant. Nous sommes à l'aube d'une longue histoire dont les métamorphoses viennent à peine de commencer, à la pointe de la science, de savoirs étranges et du miracle technologique.
Un monde « technomagique », en somme, un univers charmé où brille, jusqu'au vertige, le temps qui vient. D'Internet aux cellules souches, de la sonde Kepler aux planètes extrasolaires, nous sommes définitivement entrés dans la Quatrième Dimension de l'histoire humaine. À la croisée de la science et des rêves qu'elle suscite, de ces fabuleuses découvertes qui nous attendent, par mondes et merveilles, ici et maintenant, ailleurs et demain.

Le futur ? Il arrive l'année prochaine ! Cet ouvrage a pour but de vous faire découvrir ces merveilles, encore inconnues, qui vont surgir d'ici 2017. Et faire notre bonheur. Deux tiers des objets qui vont révolutionner notre vie de tous les jours d'ici 2020 n'existent pas encore ! Dans les années 1980, nous parlions dans notre émission *Temps X* de choses merveilleuses, qui n'étaient à l'époque que de folles rêveries, comme l'Internet, le téléphone portable, les trains à sustentation magnétique, les robots domestiques et mille autres choses qui nous fascinaient et qui aujourd'hui font partie de notre vie de tous les jours. Mais tout cela n'est qu'un début et devant nous l'avenir se lève, rayonnant, immense, sans limites. Depuis quelques années, en effet, le monde somme toute assez simple qui a soutenu et représenté, pendant une très longue période, le décor de nos vies, a subi des changements vertigineux. Sous l'influence toute puissante de la science et la poussée irrésistible des nouvelles technologies qui en découlent, des mutations à peine imaginables – et pour certaines d'entre elles absolument imprévisibles – ont transformé dans ses profondeurs le paysage familier dans lequel, jusqu'à récemment, nous avions pourtant l'habitude de vivre, de penser, d'agir et d'évoluer.
Presque sans le savoir, le plus souvent sans même comprendre, nous sommes brusquement tombés dans un autre monde : ce « grandiose avenir » si souvent décrit, d'un futur à l'autre, par les écrivains de science-fiction. Face à ce véritable choc du futur, de nombreux futurologues ont fait valoir que notre monde se rapproche rapidement d'un point de rupture – une singularité –

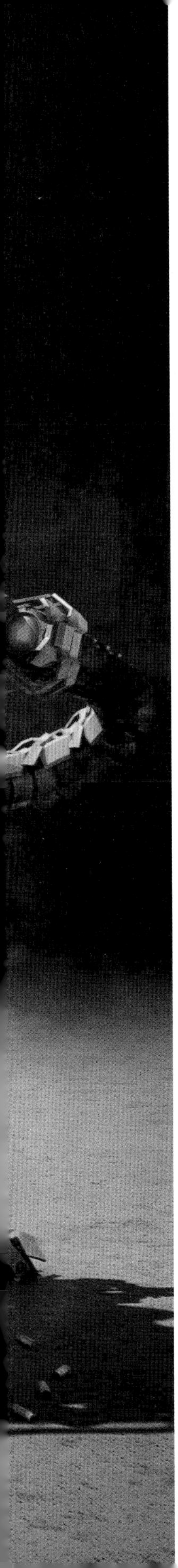

au-delà duquel, très bientôt, des machines de plus en plus intelligentes domineront de très loin les capacités humaines. Ces ordinateurs d'un nouveau type – on les appelle des ordinateurs quantiques – sont déjà en construction dans les salles blanches de grands groupes comme Google ou de vénérables institutions comme la NASA. Dès lors que ces machines existeront – et il n'y a aucun doute qu'elles existeront dans quelques années à peine – elles seront dotées d'une intelligence surhumaine, tellement éloignée de la nôtre qu'elles en deviendront incompréhensibles : faut-il redouter un tel avenir ou bien, à l'inverse, doit-on s'en émerveiller ?

Nous vous invitons ici à nous rejoindre dans le camp de ceux qui ont choisi de s'enthousiasmer et de construire le futur bonheur de l'homme. Car les machines ultra intelligentes qui vont émerger seront en mesure de trouver des solutions encore hors de portée : prévoir exactement la météo un mois à l'avance, séquencer des gènes pour guérir définitivement le cancer ou résoudre le réchauffement de la planète, tout cela sera un jeu d'enfant pour ces super-ordinateurs.
Fascinés par ces perspectives à peine imaginables, les plus audacieux envisagent même un avenir proche dans lequel ces calculateurs quantiques permettront d'allonger vertigineusement l'espérance de vie en bonne santé et de dépasser en pleine forme les 100 ans. Hier, vieux à 80 ans ? Demain, jeunes à 150 !
Mais sans attendre de tels miracles, la science dispose déjà autour de nous un univers débordant de mille merveilles technologiques et autres prouesses issues de la technigénie. Or, la modernité passe souvent inaperçue : alors qu'ils existent d'ores et déjà et qu'il ne s'agit pas de prototypes, la plupart des objets présentés dans ce livre sont inconnus.
Mais ils sont là et nous indiquent la direction à prendre pour entrer dès aujourd'hui dans le monde de demain, là où nous attendent les voitures volantes, le train supersonique Hyperloop, le robot cuisinier Top Chef, le vaisseau martien Dragon Red et bien d'autres merveilles. Et après-demain ? Traçons ici quelques brèves lignes d'avenir.

En 2020, les verres de nos lunettes enverront un faisceau d'images directement sur la rétine.
Dix téraoctets de puissance de calcul (à peu près identique à celle du cerveau humain) coûteront environ 1000 $. ➲

138
RAILTRANSIT
22

Vers les années 2025, nombre de maladies commenceront à disparaître, éliminées par des nanorobots inlassablement au travail dans les profondeurs minuscules de notre corps. De même, nos habitudes alimentaires pourront être modifiées par des nanosystèmes intelligents susceptibles de distribuer au bon moment les meilleures substances pour notre organisme. Des voitures entièrement automatiques remplaceront les voitures classiques et la conduite individuelle.

Un peu plus tard, au début des années 2030, la réalité virtuelle aura fait un tel bond qu'il deviendra parfois difficile de faire la différence entre un environnement réel et sa simulation. Les spécialistes les plus téméraires affirment même qu'avant la fin de la décennie 2030, nous serons en mesure de télécharger notre mémoire dans celle d'un ordinateur. Plus tard encore, vers les années 2040, l'intelligence non biologique serait un milliard de fois plus puissante que l'intelligence biologique (la nôtre). Grâce à de vertigineuses capacités de calculs, on serait également en mesure de maîtriser les secrets de la très longue vie, s'étalant sur plusieurs siècles, voire plus. En 2045, il deviendrait possible de multiplier notre intelligence un milliard de fois grâce à une connexion permanente entre notre néocortex et le *cloud*.

Bref, les perspectives fascinantes de l'histoire à venir semblent sans limites. Nous avons toujours pensé que la science n'est rien sans cette part de magie qui l'inspire et l'illumine. Que l'imaginaire, le merveilleux, le rêve sont comme des ombres claires dans les mille et une nuits de la connaissance. Parce que bien au-delà de ce qu'en diront, d'une seule voix, les gardiens du temple, la science et le rêve sont, à nos yeux, les deux faces de la même médaille : tout comme autrefois, dans l'Empire romain, la pierre de Bologne rendait pendant la nuit la chaleur gagnée durant le jour, la science et le rêve rayonnent à l'immense horizon des possibles.

Ce livre nous dit que nous ne devons rien oublier de l'avenir. Parce qu'il ne se fera pas sans nous. Nous ne devons pas être nostalgiques du monde que nous laissons derrière nous, mais de celui qui n'existe pas encore.

Bienvenue à tous dans les pages des merveilles du monde d'aujourd'hui et de demain, où rien n'est impossible.

Nous vous invitons maintenant à entrer dans un monde tellement nouveau, si riche de changements, qu'il va nous faire faire avec éblouissement un saut de plusieurs années dans l'avenir. Ce Nouveau Monde, c'est celui des hypertransports. Les engins fascinants que vous allez découvrir sont de véritables phénomènes mécaniques, bijoux d'intelligence artificielle et de nouvelles énergies. De fabuleuses machines à voyager dans le temps. Comme venues d'un avenir insondable, émergeant des brumes de l'histoire future, elles ont déjà un pied dans le présent. Et quatre roues dans notre époque.

De quoi rêvons-nous en 2016 ? De voitures volantes. De motos amphibies. De réacteurs qui vont nous faire voler comme des oiseaux. De sous-marins de poche. D'avions transparents. De vélos électriques intelligents. Et de bien d'autres merveilles qui vont non seulement raccourcir les distances mais surtout effacer la réticence que l'on peut parfois éprouver à l'idée de voyager. En somme, transformer la distance à parcourir dans l'espace en plaisir de voyager dans le temps.

Prenez place à bord de ces engins du Nouveau Monde. Certains existent déjà. Mais la plupart vont surgir dans notre vie d'ici 2018. Tous vont vous surprendre et il est temps de vous y habituer. En vous installant aux commandes, assisté dans chacun de vos gestes, relayé dans chacune de vos intentions, vous ne serez plus le simple passager d'une transition technologique de plus. En réalité, le saut dont nous avons parlé plus haut est tellement grand qu'il va faire de vous l'acteur d'une révolution sans précédent.

En route vers le futur !

TRANSPORTS EN COMMUN

Métro suspendu, bus anti-embouteillages, tram de *La Guerre des Étoiles* : que de merveilles nous invitent à monter à bord. Alors, allons-y ! Prenons l'hypertrain du futur en marche et faisons un premier saut dans le futur.Les transports en commun font leur révolution !

LE BAT TRAM RUSSE

Commençons notre voyage au pays des merveilles par un extraordinaire tramway russe. Son nom ? Russie One. Conçu par les laboratoires Uraltransmash, l'engin frappe par son apparence. Les reflets de cristal noir sur sa cuirasse aveugle évoquent irrésistiblement un véhicule de *La Guerre des Étoiles*. Montez donc dans cette cabine futuriste ! Au démarrage, vous ne sentez aucune secousse. Bientôt, Russie One file à toute vitesse sur ses rails dans un silence presque total. Le tram le plus moderne du monde vient de vous faire un premier pas dans l'avenir.

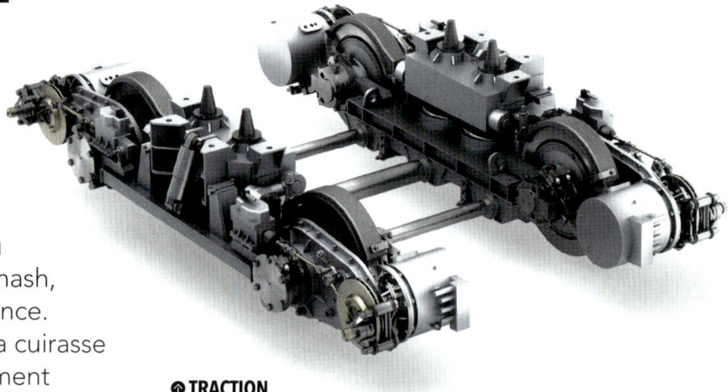

TRACTION
Chaque roue est indépendante.
Le tout est articulé, ce qui permet au tram d'absorber les cahots et de glisser sur la voie sans le moindre à-coup.

L'INTÉRIEUR
Entièrement climatisée, la cabine est dotée du Wifi et d'un système de navigation par satellite. Elle est éclairée par des LED sensibles à la luminosité extérieure.

LE BAT TRAM
Les fabricants de Russie One l'ont surnommé « Premier tramway de classe affaires du monde. » Il sera mis en service à partir de 2017.

PAYS : RUSSIE
CONCEPTEUR(S) : LABS URALTRANSMASH
TARIF : NC
DATE DE LANCEMENT : 2017

LE BUS CHINOIS 3D
Haut de 4,5 m, il peut rouler jusqu'à 60 km/h et transporter entre 1 200 et 1 400 passagers en même temps.
Avantage décisif, son coût de fabrication : un bus nécessitant 40 km de rails coûterait moins de 60 millions d'euros, soit un dixième du coût d'un métro traditionnel… En plus, il fonctionne à l'énergie solaire : vive la Chine nouvelle !

PAYS : CHINE
CONCEPTEUR(S) : CHINA-TBS
TARIF : NC
DATE DE LANCEMENT : 2017

LE BUS ANTI-EMBOUTEILLAGES

Afin de lutter contre le trafic routier exponentiel, une entreprise chinoise a présenté en juillet 2016 au Salon de Pékin, le concept d'un bus passant au-dessus des voitures. Il a ainsi la forme d'une arche mouvante dont les deux piliers se situent de chaque côté de la route, la cabine contenant les voyageurs se situant au-dessus de la circulation.
Le bus ne ralentirait ainsi jamais les voitures, même en cas d'arrêt.

LE METRINO

Voici un réseau ferroviaire aérien par lequel transitent des cabines ayant la capacité de transporter plusieurs individus. Garantie sans collision, chaque cabine aurait une station d'arrivée choisie par le voyageur.
L'Inde a investi récemment dans ce projet qui comportera trois stations par kilomètre entre les villes de New Delhi et de Manesar.

PAYS : NOUVELLE-ZÉLANDE
CONCEPTEUR(S) :
OLLIE MIKOSZA
TARIF : NC
DATE DE LANCEMENT : 2016

LE METRINO
« C'est comme une voiture sans chauffeur, sauf qu'elle ne se déplace pas sur les réseaux routiers, mais sur un système de rails aérien », explique le Néo-Zélandais Ollie Mikosza, créateur du projet.

SKYTRAN Pas facile de construire de nouvelles lignes de tramway ou des couloirs de bus dans les centres urbains. La solution ? Un monorail suspendu, tel que celui de SkyTran.

PAYS : *ÉTATS-UNIS*
CONCEPTEUR(S) : *NASA*
TARIF : *NC*
DATE DE LANCEMENT : *2017*

LE SKYTRAN DE LA NASA

À présent, montons à bord d'un second tramway aérien en « capsules » : développé en collaboration avec la NASA, il utilise la technologie de suspension magnétique. Un système très économe en énergie, silencieux et rapide (100 km/h de vitesse maximale). La première ville à être équipée de ce transport révolutionnaire sera Tel-Aviv, en Israël.

LONDRES ET SES « DRIVERLESS TAXIS »

C'est historique : la Grande-Bretagne est le premier pays au monde à avoir mis en place la voiture autonome ! En effet, en juillet 2016, Londres a testé ses premières voitures entièrement sans conducteur dans les rues de Greenwich. Cette voiture est inspirée par les navettes-capsules entièrement automatisées qui ont été installées début 2016 à l'aéroport d'Heathrow.

UN DÉVELOPPEMENT *MADE IN ENGLAND*
La conception et l'essai de la voiture autonome britannique sont réalisés par l'usine automobile Sportcars Westfield, tandis que le génie logiciel est pris en charge par l'entreprise qui gère l'aéroport d'Heathrow, et que les cartes et les capteurs de sécurité sont fournis par Oxbotica, le laboratoire de robotique de l'Université d'Oxford.

PAYS : *GRANDE-BRETAGNE*
CONCEPTEUR(S) : *SPORTCARS WESTFIELD ET OXFORD*
TARIF : *NC*
DATE DE LANCEMENT : *2016*

CYCLO -TECHNO

Votre bicyclette vous promet de belles évolutions technologiques ! Le temps où votre fidèle monture vous accompagnait sur les routes de campagnes ou vous permettait de vous rendre au collège à la vitesse de l'éclair vous semblera particulièrement lointain. Voici le vélocipède réinventé à la mode 2.0.

LE VÉLO DU FUTUR ANTÉRIEUR

Vous voulez arpenter les rues en pente, puis vous élancer sur une route de campagne ensoleillée en plein silence ? Alors, enfourchez sans plus attendre ce vélo électrique unique au monde : l'Archonte. Unique, car fabriqué sur mesure par Ono Bikes à Belgrade. Ce fantastique chopper de 3 mètres de long, doté de roues géantes de 28 pouces, ressemble plus à une Harley qu'à un vélo de ville. Avec un style imbattable, il vous propulsera sans un bruit grâce à un moteur électrique puissant à 80 km/h sur plus de 70 km. Une attachante renaissance du vélo.

PAYS : *SERBIE*
CONCEPTEUR(S) : *ONO BIKES*
TARIF : *NC*
DATE DE LANCEMENT : *2016*

CONFORT L'Archonte est particulièrement confortable en raison de sa selle. Elle est assouplie par trois suspensions à ressorts tressés. Résultat : vous ne sentez plus la moindre vibration…

OPTIONS
Ono Bikes a choisi de proposer en option, pour chacun de ses modèles, des compteurs indiquant la vitesse et le niveau de la batterie. Des repères précieux.

BUFFALO ICE BIKE
À l'origine, ce vélo des glaces a été imaginé par une mère de famille de Buffalo, dans l'État de New York, qui voulait faire des excursions hivernales à travers les nombreux canaux gelés de la région…

PAYS : *ÉTATS-UNIS*
CONCEPTEUR(S) :
LISA FLORCZAK
TARIF : *2 500 €*
DATE DE LANCEMENT : *2015*

L'ICE BIKE : LE VÉLO SUR GLACE

Le sol est gelé, mais vous voulez quand même faire du vélo… Une solution : le Buffalo Ice Bike ! Sa roue avant a été remplacée par une lame de patin à glace et il est équipé d'un châssis également posé sur lames. La motricité de la roue arrière est en revanche assurée par un pneu clouté. En selle ! La glace ne vous arrêtera plus…

RÉINVENTER LA ROUE

Votre roue est dégonflée ! Que faire ? Utilisez PumpTube, une roue qui comporte une valve électronique et une chambre à air permettant de gonfler votre pneu à la pression souhaitée, simplement en roulant. Plus le pneu roule sur le sol, plus le mécanisme de pompage s'accélère, chassant l'air vers la chambre à air. Le tour est joué !

PUMPTUBE
Cet étonnant système de valve électronique peut être utilisé avec tout type de pneu de vélos.

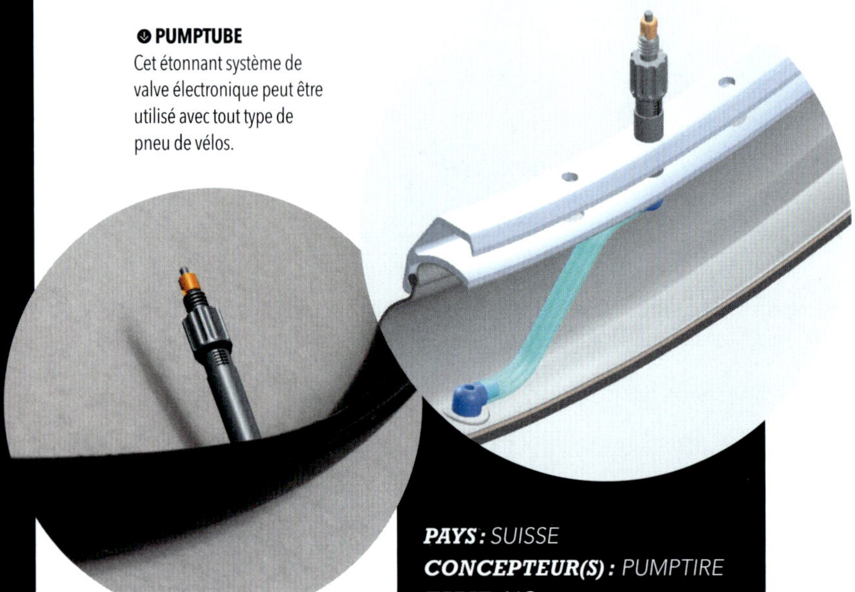

PAYS : *SUISSE*
CONCEPTEUR(S) : *PUMPTIRE*
TARIF : *NC*
DATE DE LANCEMENT : *2016*

SHWEEB, LE VÉLO SUSPENDU
L'aérodynamisme du Shweeb permettrait à une capsule d'atteindre 20 km/h. Le « conducteur » mobilise, par ailleurs, beaucoup moins d'énergie que pour la marche.

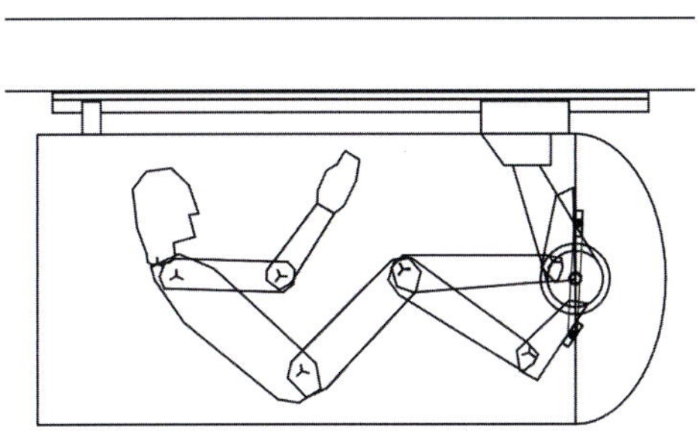

PAYS : *NOUVELLE-ZÉLANDE*
CONCEPTEUR(S) :
GEOFF BARNETT
TARIF : *NC*
DATE DE LANCEMENT : *2016*

SHWEEB, LE VÉLO SUSPENDU

Un beau jour, englué dans un terrible embouteillage à Tokyo, Geoff Barnett a eu une idée : pourquoi ne pas passer par-dessus le trafic ? C'est ainsi qu'est né Shweeb, le vélo suspendu, une sorte de mini-téléphérique. Allongez-vous sur le dos dans une petite capsule à environ deux mètres au-dessus de la chaussée puis commencez à pédaler. L'instant d'après, vous oubliez les embouteillages et vous vous laissez glisser mollement dans les airs.

LE VÉLO « IMPOSSIBLE »

Et si vous pouviez avoir un vélo à la fois électrique et pliable ? Une équipe d'ingénieurs basée en Chine a relevé le défi. Le vélo tient dans un sac à dos et une fois déplié, grâce à son moteur électrique, il pourra vous faire voyager sur deux roues à plus de 20 km/h.

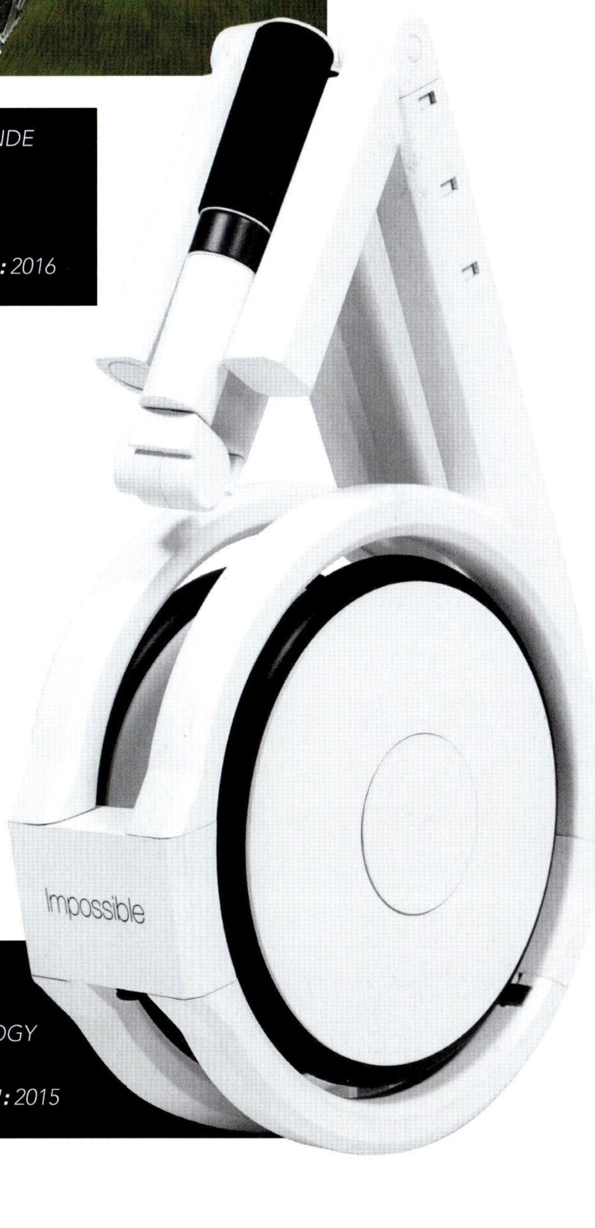

IMPOSSIBLE BIKE
Ce vélo pliable ultraléger pourrait presque être considéré comme une moto électrique, tant son moteur est puissant.

PAYS : *CHINE*
CONCEPTEUR(S) :
IMPOSSIBLE TECHNOLOGY
TARIF : *340 €*
DATE DE LANCEMENT : *2015*

PAYS : CHINE
CONCEPTEUR(S) : BEIJING BEAST TECHNOLOGY LTD
TARIF : 135 €
DATE DE LANCEMENT : 2017

UN TABLEAU DE BORD POUR VOTRE VÉLO

Impossible de vous perdre ! Grâce à SpeedForce, vous pouvez monter en quelques minutes sur le guidon de votre vélo un écran ultra-léger (350 g) et ultra-complet. D'un seul coup, vous aurez accès à un GPS, un compteur de vitesse, une jauge pour la batterie, un capteur de rythme cardiaque, un compteur de la distance parcourue et bien d'autres indicateurs précieux pour vos futurs voyages sur « la petite reine ».

LE VÉLO ÉLECTRIQUE ULTRA-LÉGER

Voici l'un des vélos électriques les plus légers au monde ! Il s'appelle Propella et pèse à peine plus de 15 kg. La batterie amovible

SPEEDFORCE, LE TABLEAU DE BORD CONNECTÉ
Le module SpeedForce peut se connecter à une application de smartphone et transmettre en temps réel les données techniques sur le vélo, mais aussi partager et comparer sur les réseaux sociaux vos performances sportives.

LA PREMIÈRE AUTOROUTE CYCLABLE
La piste Van Gogh constitue une innovation technologique – les lumières au sol interagissent avec le cycliste en fonction du trafic – mais également un symbole pour l'avenir de l'écologie urbaine.

PROPELLA, ENTRE VITESSE ET LÉGÈRETÉ
La mobylette du futur est un vélo électrique !

PAYS : ÉTATS-UNIS
CONCEPTEUR(S) : PROPELLA BIKES
TARIF : 630 €
DATE DE LANCEMENT : 2016

alimente un moteur pratiquement invisible tant il est compact, mais qui ne vous lâchera jamais, même en montée. Vous pourrez ainsi filer à plus de 30 km/h sur des dizaines de kilomètres. Petit détail : les roues sont peintes aux couleurs de votre choix.

LA PISTE CYCLABLE 2.0

Et si vous pouviez rouler la nuit sur une piste aussi scintillante que le ciel piqué d'étoiles ? Tout est possible en Hollande, le pays des vélos. Les studios Roosegaarde ont créé dans le Brabant « la Nuit étoilée », un concept ingénieux et poétique grâce auquel cette piste cyclable connectée est éclairée par des milliers de LED. Brillant !

PAYS : PAYS-BAS
CONCEPTEUR(S) : DAAN ROOSEGAARDE
TARIF : NC
DATE DE LANCEMENT : 2014

PAYS : ALLEMAGNE
CONCEPTEUR(S) : NC
TARIF : NC
DATE DE LANCEMENT : 2016

LA « BIKE AUTOBAHN » L'idée des véloroutes est apparue en 2012 en Hollande et au Danemark. Cependant, à la différence de l'Allemagne, il s'agit encore pour le moment de simples pistes cyclables à sens unique, sur 10 à 15 km.

UNE AUTOROUTE POUR VÉLOS

L'Allemagne est le pays où sont nées les autoroutes. C'est désormais le pays qui, pour la première fois au monde, fabrique de véritables autoroutes entièrement réservées aux vélos !
Si vous allez dans la région de la Ruhr, vous pourrez bientôt emprunter sur 95 km l'EuroVelo, un étonnant tronçon de « véloroute ». Avec, bien sûr, tout l'équipement des autoroutes : aires de repos, stations de ravitaillement, etc.

CYCLEE

Attention sur la route !
Les automobilistes ont souvent du mal à savoir ce que va faire le cycliste

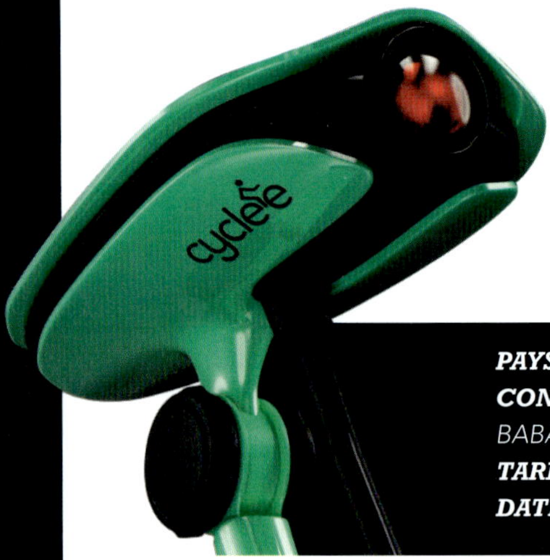

CYCLEE Le tableau de bord à touches est relié par Bluetooth au maillot-écran. Une simple pression du doigt et le signal s'affiche instantanément dans le dos, nettement visible par ceux qui suivent le cycliste.

PAYS : AZERBAÏDJAN
CONCEPTEUR(S) : ELNUR BABAYEV
TARIF : NC
DATE DE LANCEMENT : NC

PAYS : *CHINE*
CONCEPTEUR(S) :
EU-WEN DING ET JEFF CHEN
TARIF : *75 €*
DATE DE LANCEMENT : *2017*

LUMOS
Il suffit d'appuyer sur ces touches pour afficher par Bluetooth un signal sur le casque.

la seconde qui suit. Pour prévenir le danger, le designer Elnur Babayev, concepteur de Cyclee, propose l'idée ingénieuse de signaux lumineux projetés sur votre dos. Grâce à un petit tableau de bord, vous pourrez annoncer vos intentions à ceux qui vous suivent : une flèche pour tourner à droite ou à gauche, un « Stop » pour signaler votre arrêt, etc.

LE CASQUE LUMOS

La même idée de signalisation vient d'être réalisée sur un casque par deux étudiants chinois. Celui-ci est équipé de LED reliées par Bluetooth au tableau de bord. Si vous freinez, un feu rouge apparaît à l'arrière. Si vous tournez à droite, une lumière jaune clignote sur la droite du casque, etc. Bien d'autres fonctions sont disponibles dans ce casque qui va sauver de nombreuses vies !

LES ROUTES

Vectrices d'innovation technologique trop souvent négligées dans les transports, les voies automobiles, qu'elles soient rapides ou urbaines, sont l'objet de nombreuses recherches. Qu'il s'agisse de la signalisation routière, de la recharge énergétique des véhicules ou des pneus, la route fait également sa révolution !

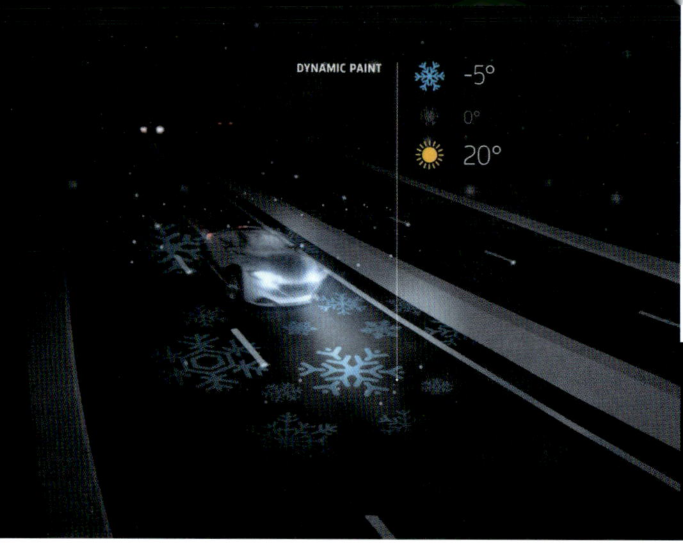

LA SMART HIGHWAY AUX PAYS-BAS présente une signalétique routière au sol en temps réel, ci-contre un risque de verglas.

PAYS : PAYS-BAS
CONCEPTEUR(S) : DAAN ROOSEGAARDE
TARIF : NC
DATE DE LANCEMENT : 2015

DES ROUTES LUMINESCENTES

Imaginez un nouveau type de matériau qui illumine les autoroutes et supprime les réverbères. Cette idée audacieuse vient d'être réalisée aux Pays-Bas. Si vous empruntez l'autoroute N329 à proximité de Oss, vos yeux éblouis découvriront pour la première fois au monde une route qui brille dans le noir. Cette voie est en effet couverte d'une peinture photo luminescente, qui se charge dans la journée et scintille durant la nuit.

LE PNEU-BATTERIE DE GOODYEAR

Voici un pneu vraiment remarquable : le BH03 effectue la prouesse de fabriquer de l'énergie, simplement en roulant. Son secret ? Sa texture thermoélectrique absorbe la lumière et la chaleur puis les convertit en électricité. Autrement dit, plus il roule, plus il chauffe, plus il fabrique d'électricité. Goodyear affirme ainsi pouvoir doubler l'autonomie d'un véhicule électrique. Un fabuleux bonus !

PAYS : ÉTATS-UNIS
CONCEPTEUR(S) : GOODYEAR
TARIF : NC
DATE DE LANCEMENT : 2018

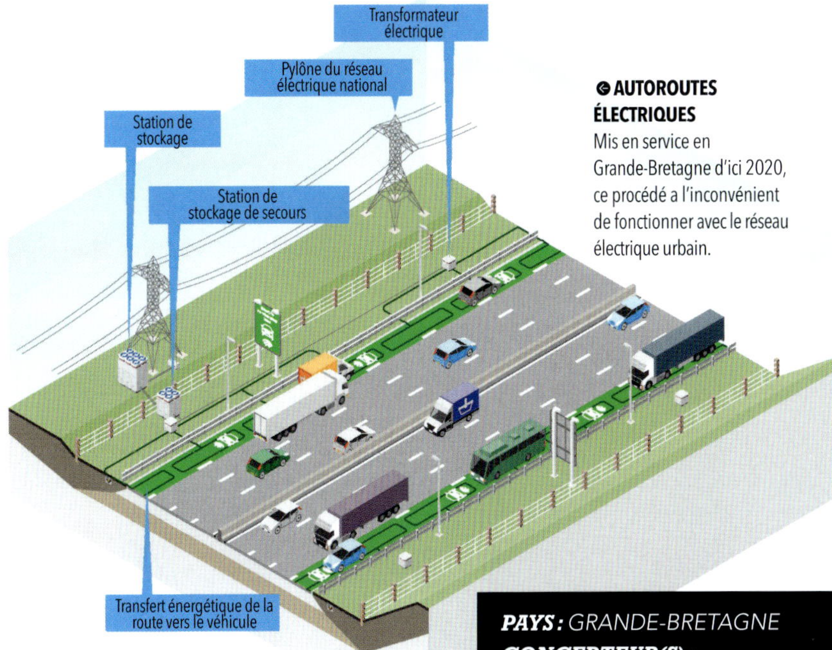

AUTOROUTES ÉLECTRIQUES
Mis en service en Grande-Bretagne d'ici 2020, ce procédé a l'inconvénient de fonctionner avec le réseau électrique urbain.

DES AUTOROUTES ÉLECTRIQUES EN ANGLETERRE

Vous le savez, une voiture électrique a habituellement une autonomie d'une centaine de kilomètres à peine. Or, les Anglais proposent une solution inédite : faire rouler les voitures sur des « autoroutes électriques ». Les véhicules seront équipés d'une technologie sans fil tandis que des câbles électriques enfouis sous la surface généreront des champs électromagnétiques captés par une bobine puis transformés en électricité pour recharger les voitures.

PAYS : GRANDE-BRETAGNE
CONCEPTEUR(S) : SOLAR ROADWAYS
TARIF : NC
DATE DE LANCEMENT : 2016

UN BITUME PHOTOVOLTAÏQUE

À présent, une première mondiale en France. Le groupe Colas a mis au point un revêtement photovoltaïque qui permettra aux routes de convertir les rayons du soleil en électricité. Un kilomètre d'autoroute pourra éclairer une ville de 5000 habitants. L'équipement d'un quart du réseau métropolitain assurerait l'indépendance énergétique de la France.

LE PNEU BH03
est encore au stade du prototype, mais Goodyear affirme qu'il devrait être accessible dès 2018.

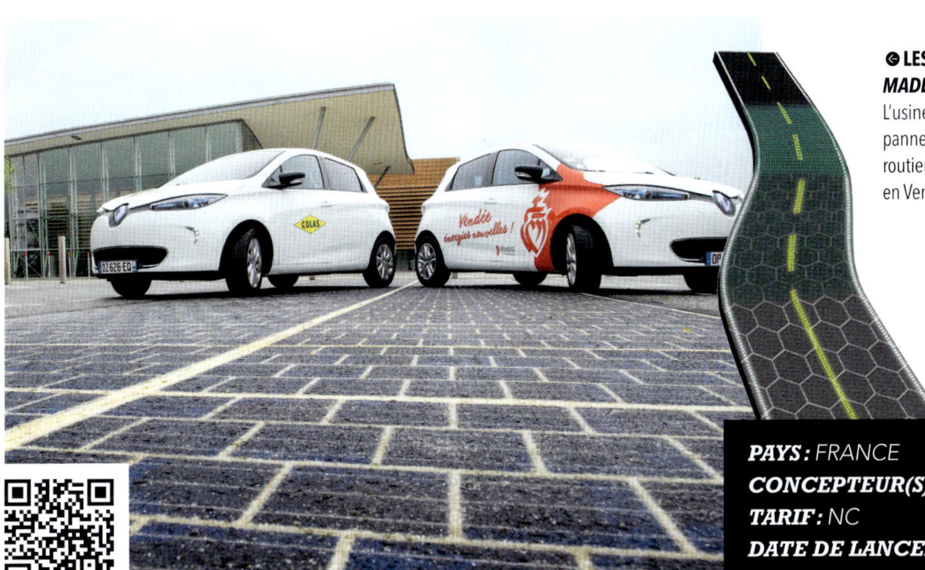

LES ROUTES SOLAIRES *MADE IN FRANCE*
L'usine de fabrication des panneaux photovoltaïques routiers Colas a été inaugurée en Vendée en juillet 2016.

PAYS : FRANCE
CONCEPTEUR(S) : COLAS
TARIF : NC
DATE DE LANCEMENT : 2016

L'HOVERBOARD

Objet de science-fiction initialement créée pour les films *Retour vers le futur* de Robert Zemeckis, la planche de skateboard volante que l'on appelle « hoverboard » n'est désormais plus le privilège de Marty McFly !

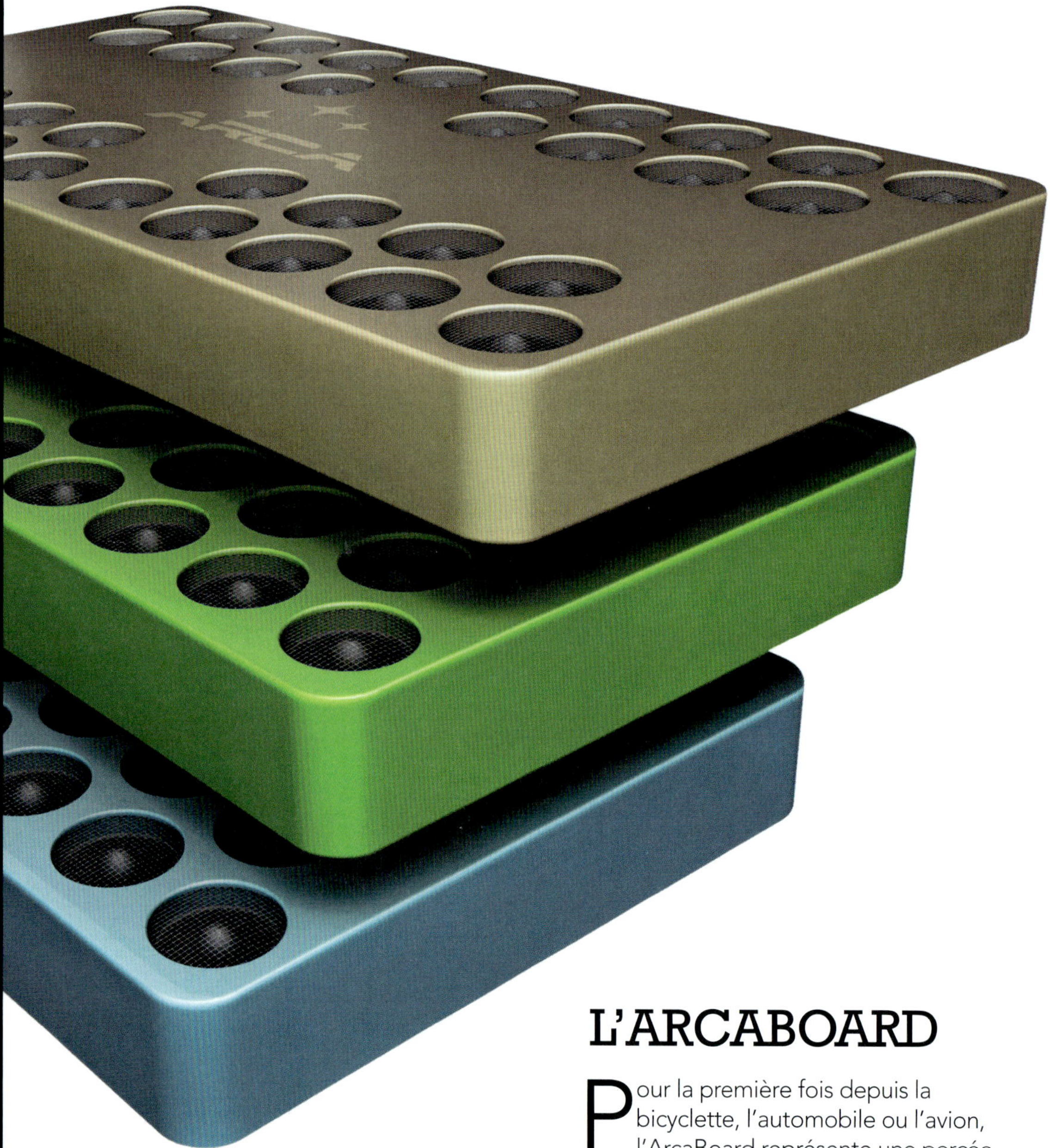

L'ARCABOARD

Pour la première fois depuis la bicyclette, l'automobile ou l'avion, l'ArcaBoard représente une percée révolutionnaire. Montez sur la plateforme. Les moteurs tournent. Tout à coup, debout sur cette étrange planche de surf soulevée par 36 hélices, vous quittez le sol. Vous vous penchez en avant : la planche avance doucement en planant à une dizaine de centimètres au-dessus de la pelouse – en arrière et vous reculez. L'hoverboard de *Retour vers le futur* est née !

PAYS : *ÉTATS-UNIS*
CONCEPTEUR(S) : *ARCA*
TARIF : *15 000 €*
DATE DE LANCEMENT : *2016*

➲ UN ÉQUILIBRE PARFAIT
Grâce à un stabilisateur, l'ArcaBoard flotte jusqu'à 30 cm au-dessus du sol sans jamais déséquilibrer son passager. Disponible dès aujourd'hui, il peut atteindre 20 km/h pour une autonomie de 6 minutes.

UN PREMIER MODÈLE
L'hoverboard de Lexus n'est pour l'instant qu'un prototype pas encore commercialisable.

PAYS : *JAPON*
CONCEPTEUR(S) : *LEXUS*
TARIF : *NC*
DATE DE LANCEMENT : *NC*

L'HOVERBOARD DE LEXUS

Le procédé développé par le constructeur automobile Lexus utilise les propriétés des matériaux supraconducteurs (absence de résistance électrique). Lorsque ces matériaux sont portés à de très basses températures (approchant les - 200 °C), ils génèrent un champ magnétique surpuissant.
La planche de Lexus doit ainsi être alimentée

LA PLANCHE
L'hoverboard de Lexus ne fonctionne pour l'instant qu'au-dessus d'une piste aimantée et son autonomie reste très limitée.

PAYS : ÉTATS-UNIS
CONCEPTEUR(S) :
ROBERT BIGLER
TARIF : 2 700 €
DATE DE LANCEMENT : 2017

en azote liquide. Mais l'effet de lévitation s'arrêtant dès que les supraconducteurs se réchauffent, l'utilisateur ne peut utiliser l'hoverboard que pendant quelques dizaines de secondes, avant de devoir de nouveau remplir ses réservoirs d'azote liquide. Futuriste… mais pas très pratique !

↑↓ UNE PLANCHE CONNECTÉE
L'hoverboard de Robert Bigler est connecté au smartphone qui sert de tableau de bord.

L'ORBITWHEEL, DES ROLLERS « POSTMODERNES »

Ces rollers peuvent être maîtrisés immédiatement : placez vos pieds sur les deux plateformes pour faire tourner les roues en caoutchouc. Celles-ci vous propulsent vers l'avant ! Invention aussi futuriste que simple et fonctionnelle !

↓ ORBITWHEEL
Voici les patins à roulettes réinventés.

PAYS : ÉTATS-UNIS
CONCEPTEUR(S) :
POSTMODERN
TARIF : 90 €
DATE DE LANCEMENT : 2015

L'HOVERBOARD DE ROBERT BIGLER

Cette planche, munie d'une unique roue motorisée, a été conçue dans le but de repenser la planche à roulette en lui apportant un système d'équilibre et un dynamisme qui puisse donner à l'utilisateur l'impression de « surfer » sur le bitume, d'où son nom d'hoverboard bien qu'elle ne flotte pas dans les airs.

LE JETPACK

Cet équipement portable permet à son utilisateur de décoller dans les airs, de se propulser sur de grandes distances, et d'atterrir de façon autonome. L'évolution technologique des batteries et des systèmes de propulsion permettent des prouesses aériennes à la portée de chacun.

LE GO FAST JETPACK

Voler comme un oiseau avec un vrai réacteur dorsal de petite taille : Nick Macomber a réussi cet exploit le 11 juillet 2015 avant d'atterrir sain et sauf. Cet extraordinaire réacteur portable est alimenté par un mélange de peroxyde d'hydrogène. Les pilotes qui ont eu la chance de tester ce système affirment qu'on « ressent la même sensation que si l'on pilotait une bicyclette dans le ciel ». Le jetpack est très simple à contrôler et il est possible de voler où l'on veut, jusqu'à 70 m d'altitude.

PAYS : *ÉTATS-UNIS*
CONCEPTEUR(S) : *NICK MACOMBER*
TARIF : *NC*
DATE DE LANCEMENT : *2015*

GO FAST JETPACK
Pour le moment, il ne peut voler que 30 secondes et n'est pas commercialisé. Mais la nouvelle génération, dotée d'une turbine, volera pendant 30 minutes et devrait être mise sur le marché en 2017.

LE MARTIN JETPACK est le premier appareil volant de ce type que le grand public peut véritablement acheter.

LE MARTIN JETPACK

Se glisser debout dans un châssis et s'envoler encore plus haut qu'avec le Go Fast ? C'est possible grâce au jetpack de Martin Aircraft ! L'étonnant engin volant est muni de deux turbines actionnées par un moteur à explosion. Il vole à 120 km/h et a une autonomie d'environ 20 minutes. Détail important : vous pouvez dès à présent acheter votre Jetpack et vous envoler avec jusqu'à 1 000 m d'altitude ! Le rêve d'Icare est devenu réalité…

PAYS : NOUVELLE-ZÉLANDE
CONCEPTEUR(S) : GLENN MARTIN
TARIF : 225 000 €
DATE DE LANCEMENT : 2016

LE TRAIN RÉINVENTÉ

Faire voyager des passagers dans un tube sous vide ou monter et descendre d'un convoi à grande vitesse sans qu'il ne s'arrête, voici quelques-unes des nouvelles promesses d'un mode de transport en commun qui ne cesse de se réinventer depuis plus de 200 ans.

L'HYPERLOOP, LE TRAIN « SOUS-VIDE »

« Attention : les passagers en direction de Marseille sont priés d'embarquer. Arrivée prévue dans 30 minutes ! »
Le jour où vous entendrez ce message dans une gare parisienne, le train Hyperloop aura été mis en circulation. De quoi s'agit-il ? D'un train supersonique proposé en 2013 en open source par Elon Musk, le père de la voiture électrique Tesla, et développé depuis par l'un des fondateurs de Uber au sein de Hyperloop Technologies.
Imaginez… Vous embarquez dans une cabine hermétique pressurisée comme celle d'un avion. Les portes se ferment et l'hypertrain se met en mouvement puis accélère. Vous ne ressentez aucun à-coup, car votre cabine flotte à présent sur un coussin d'air, propulsée par un champ magnétique dans une sorte de tube à vide dépressurisé. L'Hyperloop vient de franchir le mur du son, à plus de 1 200 km/h. Vous avez quitté Paris il y a 15 minutes. Dans un quart d'heure, vous serez à Marseille.
Le 11 mai 2016 dans le Nevada a eu lieu le premier essai de propulsion d'une capsule sur rail à 480 km/h, qui fut un succès. Malgré les énormes défis techniques, les promoteurs d'Hyperloop espèrent qu'un tel voyage sera possible avant 2030 !

PAYS : *ÉTATS-UNIS*
CONCEPTEUR(S) : *ELON MUSK*
TARIF : *NC*
DATE DE LANCEMENT : *2017*

UNE HYPERGARE Un partenariat vient d'être signé avec la SNCF, qui donne l'espoir de voir un jour en France une gare comme celle-ci. Le 24 juillet 2016, Hyperloop One a ouvert sa première usine à North Las Vegas.

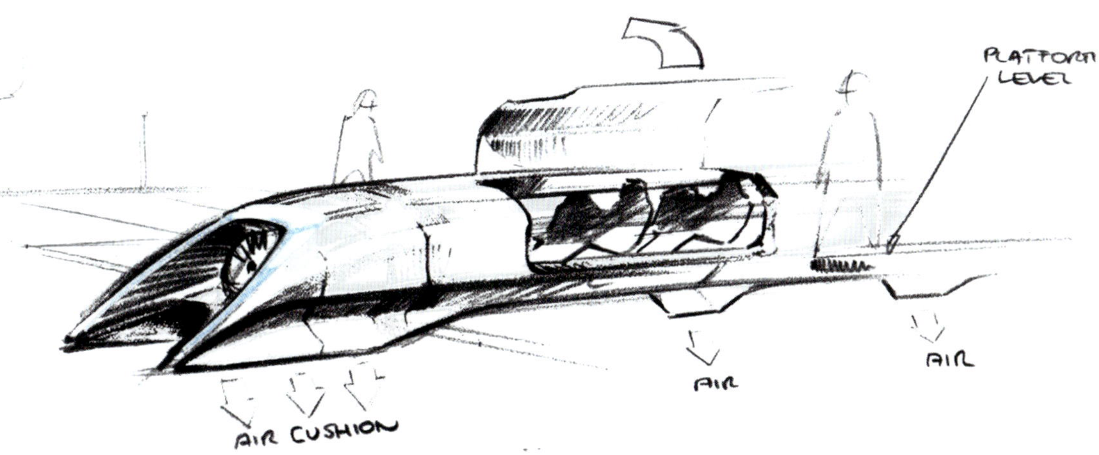

ESQUISSES DU PROJET dessinées par le célèbre entrepreneur Elon Musk.

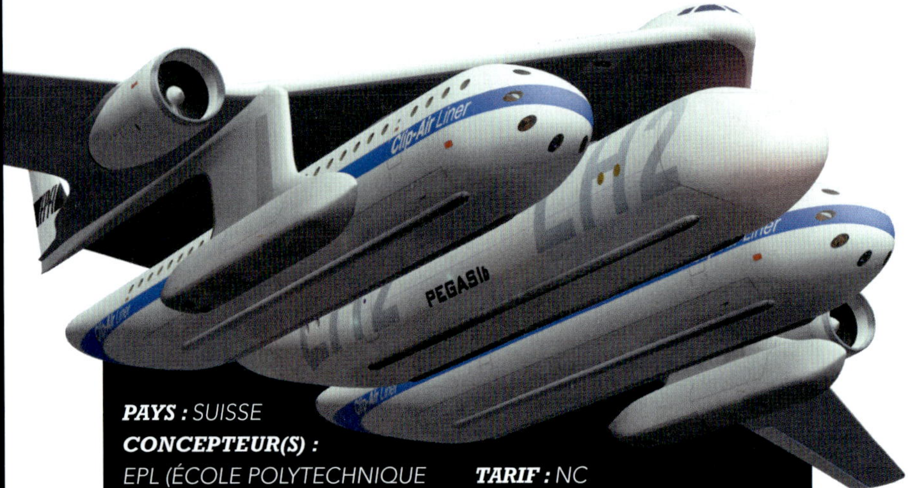

PAYS : *SUISSE*
CONCEPTEUR(S) : *EPL (ÉCOLE POLYTECHNIQUE DE LAUSANNE)*
TARIF : *NC*
DATE DE LANCEMENT : *2030*

❻ CLIP-AIR
L'École Polytechnique de Lausanne prévoit la possibilité d'arrimer trois wagons de 30 m à l'avion-cargo. Décollage vers 2030.

❼ L'ET3
Malgré l'impulsion donnée à cette technologie par l'Hyperloop, il est peu probable que l'ET3 sillonne les campagnes avant 2050.

L'AVION QUI EMBARQUE LE TRAIN

Sera-t-il un jour possible de monter dans un avion comme dans un train ? Clip-Air vise à fusionner la vitesse du premier avec la flexibilité du second. Au lieu de vous rendre dans un aéroport, vous montez dans un train en gare qui part pour l'aéroport où il est arrimé sous les ailes d'un avion. Enfin vous décollez. Après l'atterrissage, votre train rejoint la gare : vous voilà au cœur de la ville sans avoir quitté votre siège.

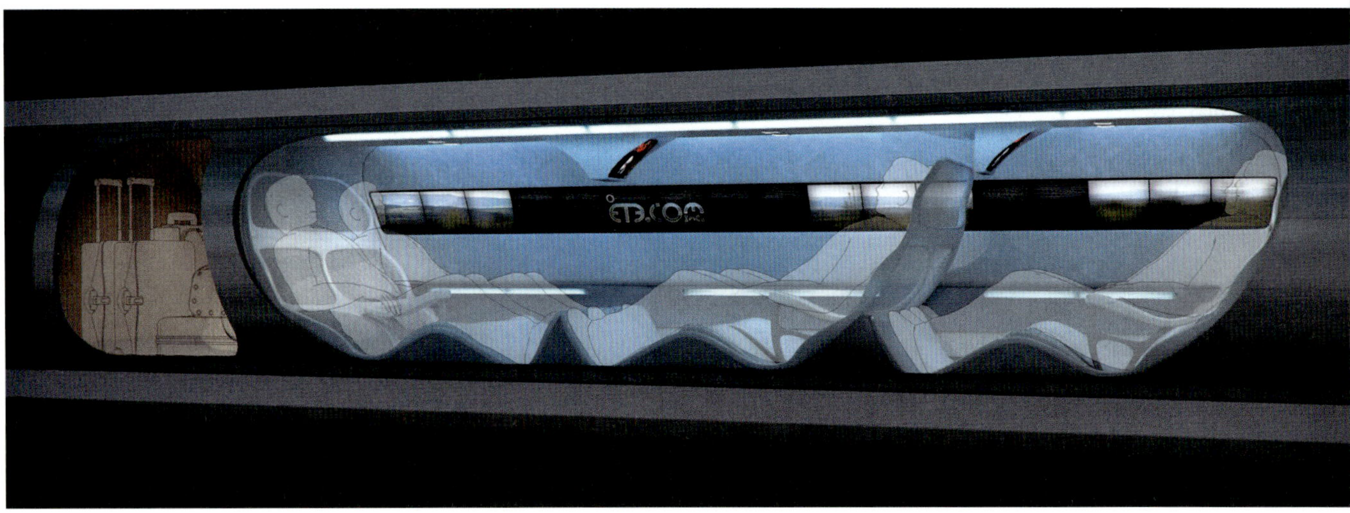

PAYS : JAPON
CONCEPTEUR(S) : JR TOKAI
TARIF : NC
DATE DE LANCEMENT : 2016

LE JR MAGLEV
Quatre lignes sont dès aujourd'hui en service en Chine, au Japon et en Corée, avec des trains qui dépassent tous les 400 km/h.

UN TRAIN À 600 KM/H

Le train ci-contre circule au Japon. Son nom ? Le Maglev. Il a atteint 603 km/h en 2015 : c'est le train le plus rapide du monde. Le Maglev utilise la lévitation magnétique : le monorail « vole » à quelques centimètres au-dessus d'une glissière en utilisant des aimants supraconducteurs, ce qui supprime les frottements et permet des vitesses très élevées.

LE TOUR DE LA TERRE EN SIX HEURES

Lorsqu'il existera, cet hypertrain unique au monde sera dix fois plus rapide que le Maglev. Son secret ? Tout comme l'Hyperloop, il se déplacera dans un tube sous vide. La cabine sera pressurisée et pourra se déplacer à une vitesse incroyable dépassant les 6 000 km/h. Le tour de la Terre en 6 heures !

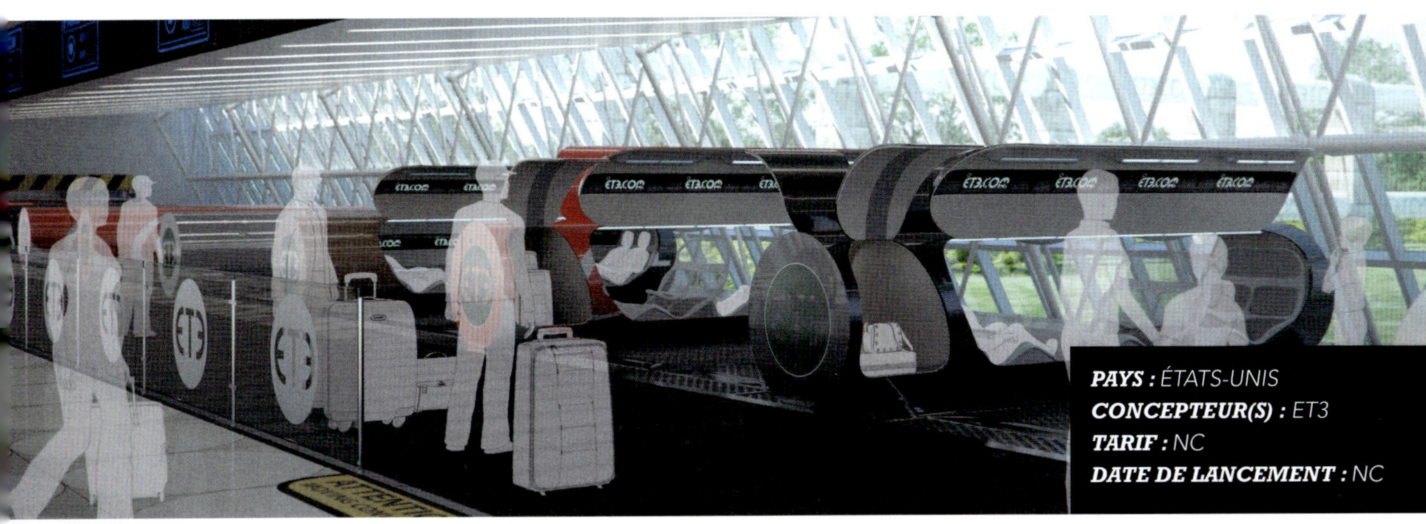

PAYS : ÉTATS-UNIS
CONCEPTEUR(S) : ET3
TARIF : NC
DATE DE LANCEMENT : NC

LES CAMIONS

Comme pour les voies aériennes ou maritimes, le transport de marchandises par la route fait l'objet de nombreuses révolutions technologiques. Les camions deviennent ainsi moins dangereux, moins énergivores, ou se transforment en drones autonomes. Voici le camion 2.0 !

LE TRANSWHEEL

Notre revue des camions s'ouvre avec ce curieux robot-livreur… à une roue. Celle-ci tiendra en équilibre grâce à un stabilisateur gyroscopique. Il disposera d'un bras articulé pour ramasser les paquets, d'un GPS pour se repérer et de la reconnaissance faciale pour vous identifier. Et voilà votre pizza ! Point fort : les robots Transwheel pourront travailler groupés – à deux, quatre ou plus – afin d'acheminer de lourdes charges. C'est alors un vrai camion qui roulera sur la route. Peut-être vers 2020.

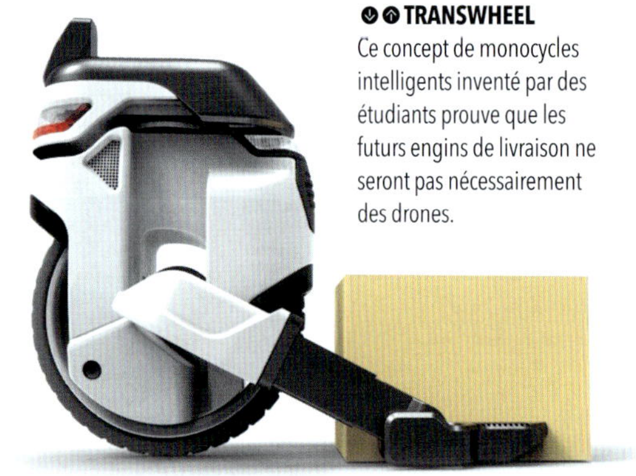

TRANSWHEEL
Ce concept de monocycles intelligents inventé par des étudiants prouve que les futurs engins de livraison ne seront pas nécessairement des drones.

DOUBLER LES CAMIONS

Passé maître dans l'art des écrans digitaux, Samsung a décidé de frapper les esprits avec un camion « transparent ». Il s'agit d'un semi-remorque équipé d'un système de retransmission vidéo qui permet de saisir le paysage environnant. L'objectif consiste à sécuriser les dépassements sur les routes à double sens en permettant à la voiture qui suit le camion de voir si la voie est libre, sans avoir à se déporter sur la gauche.

PAYS : *ISRAËL*
CONCEPTEUR(S) : *SHIKER KOBI*
TARIF : *NC*
DATE DE LANCEMENT : *2018*

PAYS : CORÉE DU SUD
CONCEPTEUR(S) : SAMSUNG
TARIF : NC
DATE DE LANCEMENT : NC

LE CAMION SAMSUNG
L'objectif est d'équiper l'arrière du camion d'écrans extérieurs assez lumineux pour être visibles en plein soleil, et d'assurer une transmission sans fil des images captées par la caméra frontale vers l'écran, à 15 m de distance.

LE CAMION TÉLESCOPIQUE

Flexible et vert : tels sont les deux qualificatifs qui définissent cet étonnant véhicule. Flexible, parce que ce camion est en mesure de s'adapter au volume de marchandise transporté et de s'étirer à la manière d'un accordéon, si nécessaire, de 7,5 m jusqu'à 20 m. C'est également un véhicule vert, dans la mesure où il est propulsé par des moteurs électriques alimentés par de l'hydrogène et n'émet donc aucun gaz à effet de serre.
À l'intérieur de la cabine, la conduite est entièrement automatisée.
Le Kamaz Flex propose au routier un véritable espace de vie : une kitchenette, une salle de bain et un lit.
Un véhicule avant-gardiste que ses deux designers estiment pouvoir mettre en circulation vers 2025.

LE CAMION FLEXIBLE KAMAZ
repose sur un concept hybride combinant le camion et le train.
Bien plus un passager qu'un conducteur, le chef de cabine jouit d'un intérieur luxueux qui lui permet, entre autres, de regarder des films ou de dormir pendant le voyage entièrement automatisé.

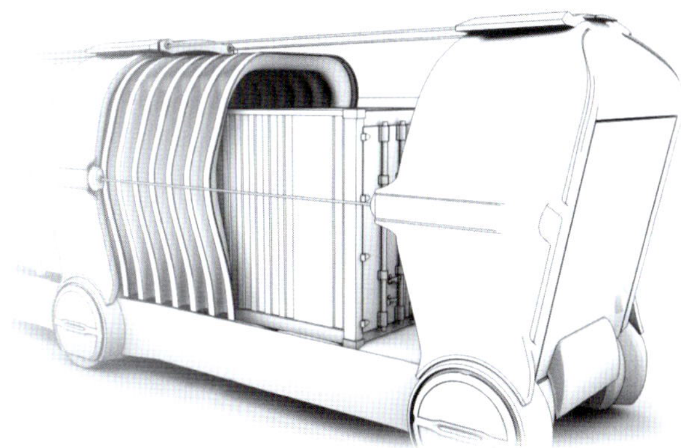

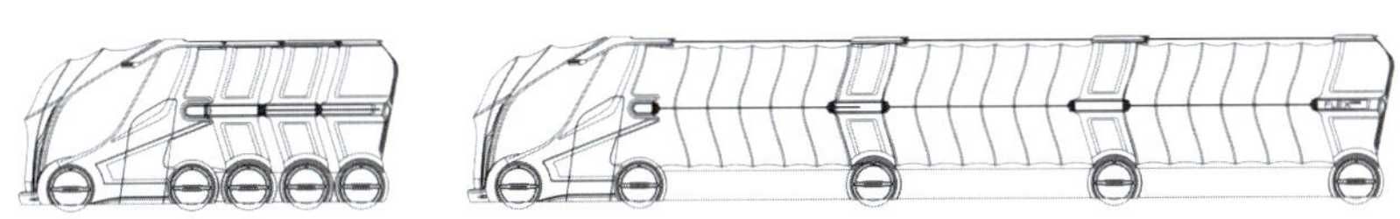

PAYS : RUSSIE
CONCEPTEUR(S) : ELENA PETROVA ET KONSTANTIN FEDOROV
TARIF : NC
DATE DE LANCEMENT : 2025

LES MOTOS

Au-delà de la conquête de vitesse et d'une recherche ergonomique toujours plus impressionnante, la moto du futur sera écologique. De nombreux constructeurs travaillent ainsi à la mise au point de machines « vertes », surpuissantes et autonomes.

INTÉRIEUR
Deux passagers peuvent prendre place en tandem à l'intérieur de l'habitacle offrant une saisie simplifiée du tableau de bord et une vision panoramique de l'environnement.

LA MOTO URBAINE

Mi-moto, mi-auto, le nouveau concept de mobilité urbaine I-Road combine la conduite d'une moto avec la sécurité, la stabilité et le confort d'une voiture. Visant clairement à révolutionner l'avenir du transport urbain, l'industrie automobile inaugure avec cette moto, la prochaine génération de véhicules électriques non polluants caractérisée par une conduite agréable, un encombrement particulièrement réduit et des performances environnementales optimales.

I-ROAD DE TOYOTA
Longue de 2,345 m, haute de 1,455 m pour une largeur de seulement 0,87 m, I-Road est propulsée par deux moteurs électriques de 2 kW/h à commande d'inclinaison : un module électronique calcule l'inclinaison requise en fonction de la vitesse, de l'angle de braquage et des informations transmises par un capteur gyroscopique.

PAYS : *JAPON*
CONCEPTEUR(S) : *TOYOTA*
TARIF : *NC*
DATE DE LANCEMENT : *2017*

UNE MOTO JET-SKI

Aussi simple à piloter sur le bitume que sur l'eau, la Biski est directement issue de l'imagination fertile de l'entrepreneur néo-zélandais Alan Gibbs, spécialiste des véhicules convertibles. Cette extraordinaire moto amphibie est en mesure d'atteindre 135 km/h sur route et de se déplacer à plus de 60 km/h sur l'eau. Il suffit d'une simple pression sur un bouton et de moins de 5 secondes pour permettre la transition entre le mode « conduite route » et le pilotage sur l'eau. La roue arrière se replie à l'intérieur de la coque tandis que le moteur passe en mode hydropropulseur.

BISKI MOTO
Il suffit de 5 secondes pour transformer votre moto de route en un formidable jet ski.

PAYS : ÉTATS-UNIS
CONCEPTEUR(S) : ALAN GIBBS
TARIF : ENVIRON 50 000 €
DATE DE LANCEMENT : 2018

LA MOTO DE *TRON : L'HÉRITAGE*

Admirateurs inconditionnels du cinéma de science-fiction, l'équipe d'ingénieurs de la firme Parker Brothers Shoppers aux États-Unis a eu pour projet de fabriquer une réplique parfaite de la célèbre moto « LightCycle » que l'on voit évoluer dans le film *Tron : L'Héritage*. Sur la base du

PAYS : ÉTATS-UNIS
CONCEPTEUR(S) : PARKER BROTHERS SHOPPERS INC.
TARIF : ENVIRON 55 000 €
DATE DE LANCEMENT : NC

LIGHTCYCLE
Mesurant 2,54 m de long sur 0,64 m de large pour un poids de 175 kg, cette réplique propulsée par le moteur de la Suzuki TLR1000 repose sur une armature en acier recouverte d'une carrosserie en fibre de verre. On remarquera qu'un iPad pourra être intégré en tant qu'ordinateur de bord optionnel.

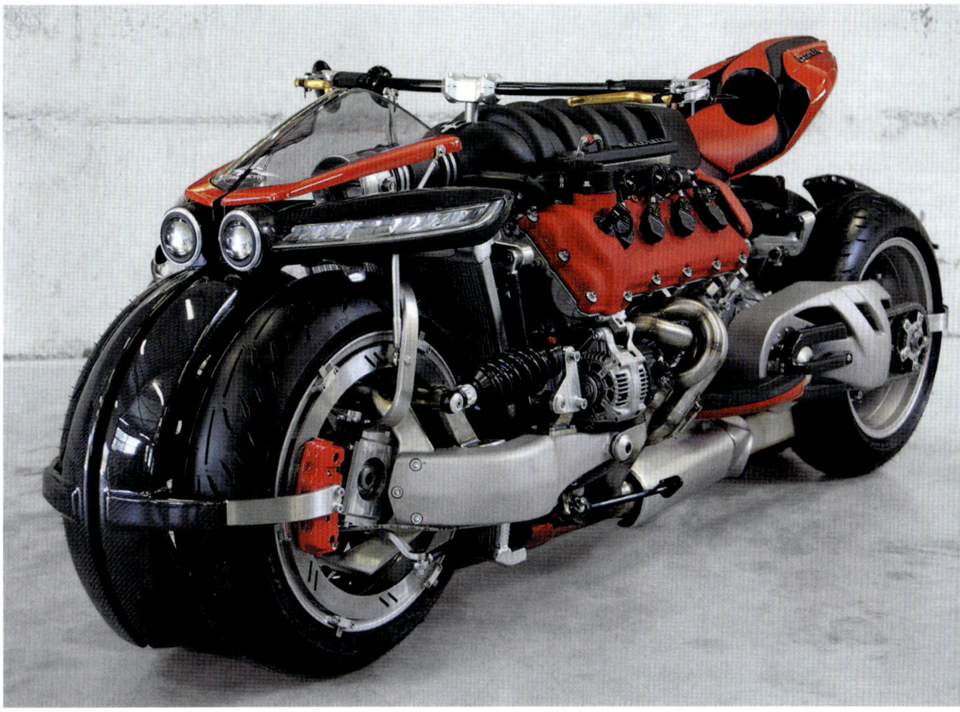

PAYS : FRANCE
CONCEPTEUR(S) : LUDOVIC LAZARETH
TARIF : NC
DATE DE LANCEMENT : 2018

LAZARETH
La LM 847 A affiche 400 kg sur la balance, une longueur de 2,65 m et est équipée d'un moteur Maserati V8 de 4,7 l développant 470 CV.

prototype déjà construit, l'équipe espère obtenir l'homologation de son extraordinaire véhicule, qui pourrait être produit en série avant la fin de l'année.

UNE MOTO À QUATRE ROUES

Bien connu pour ses prouesses dans le domaine des conceptions de motos au design futuriste, le Français Ludovic Lazareth vient de créer un engin tout droit sorti d'un film de science-fiction : la Lazareth LM 847A.
Construite autour d'un somptueux moteur Maserati V8 développant 470 CV, cette étonnante moto à boîte automatique repose sur quatre roues guidées par des bras indépendants qui s'inclinent dans les virages, garantissant ainsi une tenue de route exceptionnelle. Ce bolide hors norme dépasse allègrement les 300 km/h.

FIREFLY
Grâce à son très petit rayon de virage et à sa maniabilité, Firefly peut également être utilisé à l'intérieur, comme dans les centres commerciaux, les centres de rééducation ou les bâtiments publics.

PAYS : ÉTATS-UNIS
CONCEPTEUR(S) : RIO MOBILITY
TARIF : 1800 €
DATE DE LANCEMENT : 2017

LA MOTO-CHAISE ROULANTE

Conçu aussi bien pour une utilisation extérieure qu'intérieure, le Firefly est un vélo à propulsion électrique qui se fixe manuellement, grâce à quatre rotules autoverrouillantes, à une chaise roulante. Ce système de fixation simple et rapide permet de transformer un siège roulant en fauteuil électrique. L'autonomie est d'environ 30 km pour une vitesse de 15 km/h.

LA VOITURE VOLANTE

Circuler en volant entre les immeubles. Vous en avez rêvé en regardant la DeLorean de *Retour vers le futur*, *Blade Runner* ou *Le Cinquième Élément*, le film de Luc Besson ? Et bien ce sera peut-être possible prochainement…

L'AEROMOBIL 3.0 GRAND PUBLIC

L'AeroMobil 3.0 résulte du croisement d'un roadster et d'un mini-avion aux accents très futuristes qui, selon son concepteur, « pourrait changer le transport personnel à l'échelle mondiale ». Avec sa structure en fibre de carbone, l'AeroMobil déploie ses ailes rétractables en quelques secondes et atteint 200 km/h à 2000 m d'altitude… Elle dispose de technologies aéronautiques de pointe, comme le pilotage automatique, un précieux système de parachute, ou encore un dispositif d'ajustement des ailes permettant de diminuer la distance nécessaire au décollage. Le mécanisme de suspension, robuste, permet au véhicule de décoller ou d'atterrir même dans des terrains accidentés. La société slovaque AeroMobil affirme que ce modèle sera commercialisé d'ici 2017.

L'AEROMOBIL 3.0 est à l'aise dans les airs comme sur l'asphalte d'une autoroute. Il faut cependant noter qu'un simple permis automobile ne suffira pas : un brevet d'aviation civile est également indispensable pour prendre les commandes d'une telle voiture volante…

PAYS : *SLOVAQUIE*
CONCEPTEUR(S) : *AEROMOBIL*
TARIF : *250 000 €*
DATE DE LANCEMENT : *2017*

PAYS : *ÉTATS-UNIS*
CONCEPTEUR(S) : *PAL-V*
TARIF : *270 000 €*
DATE DE LANCEMENT : *2012*

PAL-V ONE
ULTIMATE FREEDOM

À mi-chemin entre la voiture et le gyrocoptère, Pal-V One est une longue moto à deux places, sur trois roues. Son allure détonne : au lieu d'utiliser des ailes qui se déploient comme ses concurrentes, Pal-V dispose de pales, à l'image d'un hélicoptère.
Son aérodynamisme est proche de celui d'une moto, et ses trois roues la distinguent des autres modèles de voiture volante. Passer de la forme de l'automobile à celle de l'avion prend environ une dizaine de minutes.
L'engin dispose de la technologie DVC (Dynamic Vehicle Control) qui ajuste automatiquement la vitesse et l'accélération avec l'angle d'inclinaison.

TF-X DÉCOLLE ET ATTERRIT À LA VERTICALE

Ce n'est pas un, mais deux modèles de voitures volantes que développe

LE PAL-V LIBERTY
Le tout dernier modèle de Pal-V commercialisé en 2016 mesure environ 4 m de long, 1,60 m de large et 1,60 m de haut. Sa masse à vide est d'environ 680 kg et sa puissance motrice est de 230 CV.

Terrafugia aux États-Unis. Alors que d'ici 2017, leur premier modèle The Transition sera en vente, les ingénieurs planchent déjà sur la version suivante, la TF-X.
Elle disposera de quatre places, d'un moteur hybride et pourra décoller ou atterrir verticalement, à la manière des hélicoptères. La version actuelle, The Transition, permet déjà de passer de la voiture à l'avion – et inversement – en moins d'une minute.
La TF-X, dont les deux ailes d'avion se déplient en moins d'une minute, est propulsée par une hélice arrière. Elle peut alors décoller et voler jusqu'à 3 000 m d'altitude. Interdit toutefois de s'envoler sur l'autoroute de vos vacances ! Il faut, pour voler en toute légalité, décoller depuis un aérodrome certifié disposant d'une piste de décollage longue d'au moins 800 m. Son industrialisation et sa commercialisation pour le grand public est prévue pour 2017.

PAYS : *ÉTATS-UNIS*
CONCEPTEUR(S) : *TERRAFUGIA*
TARIF : *250 000 €*
DATE DE LANCEMENT : *2017*

LA TF-X reste relativement petite pour un véhicule volant : 2,10 m de haut, 2 m de large, 5,8 m de long. Une fois transformée en avion, elle mesure 1,90 m de haut, 8 m d'envergure et 6 m de long.

LA VOITURE SUPERSONIQUE

Voici le cockpit récemment finalisé de Bloodhound SSC, la voiture supersonique britannique propulsée par un réacteur de fusée qui va tenter d'atteindre une vitesse de 1 600 km à l'heure dans un désert d'Afrique du Sud en 2017.

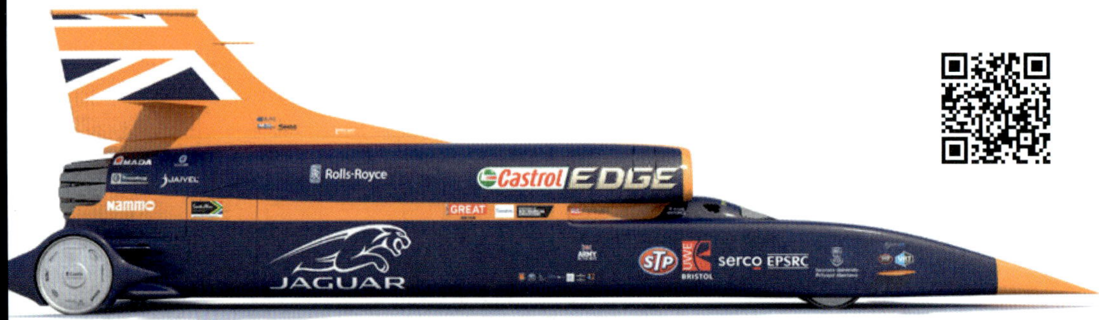

LE « BLOODHOUND PROJECT » UNE FUSÉE OU UNE VOITURE ?

Bloodhound SSC est un véhicule terrestre supersonique, conçu dans l'objectif de battre le record absolu de vitesse au sol. Un autre engin conçu par la même équipe, le Thrust SSC, avait déjà franchi le mur du son en 1997 (1 224 km/h) mais désormais, l'objectif est de dépasser les 1 600 km/h.

Afin d'être en mesure d'atteindre une telle célérité, la voiture est équipée d'une double motorisation, avec d'une part un turboréacteur – ayant servi à l'avion de chasse Eurofighter – qui permettra de lancer l'engin. D'autre part, une fois l'engin lancé, un moteur-fusée fonctionnant au propergol liquide (le carburant utilisé en astronautique) fournira la poussée indispensable pour dépasser une vélocité supersonique. Un troisième moteur « traditionnel » à 12 cylindres de 800 CV n'est dédié qu'à la pompe d'alimentation en propergol du moteur-fusée. Une fois la postcombustion enclenchée (propulsion supplémentaire grâce à l'explosion du gaz d'échappement), l'ensemble délivre 302 kN (les kN, ou kilo newton, sont l'unité qui permet de calculer la force d'une poussée) soit 135 000 CV qui devraient permettre au Bloodhound d'atteindre, selon ses concepteurs, une vitesse maximale de 1 690 km/h !

PAYS : GRANDE-BRETAGNE
CONCEPTEUR(S) : RICHARD NOBLE ET ANDY GREEN
TARIF : NC
DATE DE LANCEMENT : 2017

❶ LOGICIEL DE RÉGULATION NUMÉRIQUE
Ce logiciel permettra une gestion optimale de la phase d'accélération, représentée sur cet écran embarqué.

❷ LES CADRANS
Peu de cadrans pour ce qui s'apparente plus à une fusée qu'à une voiture.

❸ CONTRÔLE DE LA VITESSE
Un panneau de boutons permet de libérer la vitesse du moteur selon un enchaînement précis.

❹ ZONE DE PILOTAGE
Le volant est peu utile, la voiture étant conçue pour des trajectoires rectilignes.

❺ LE LEVIER DE FREIN MANUEL

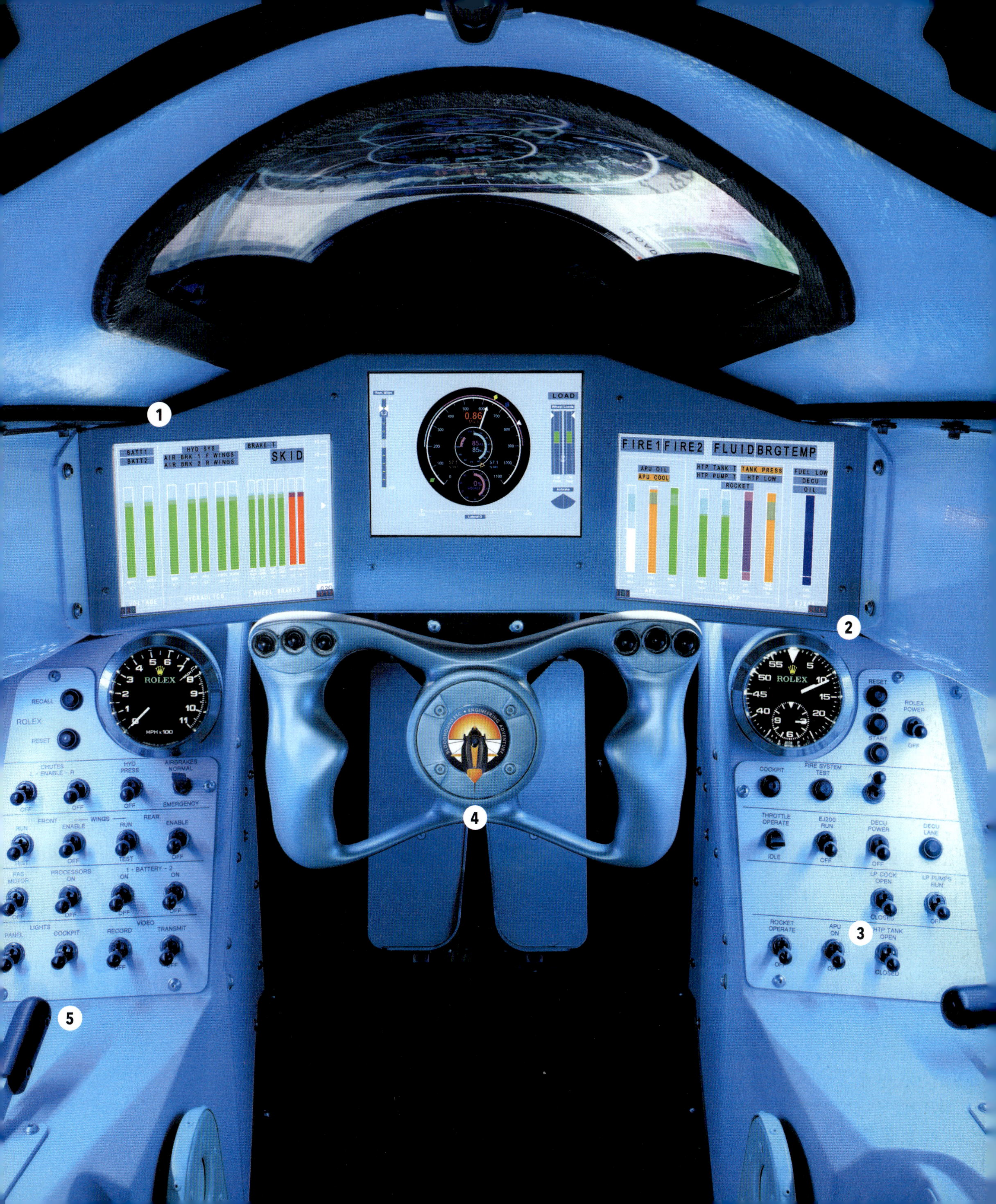
1
BATT1
BATT2
HYD SYS
AIR BRK 1 F WINGS
AIR BRK 2 R WINGS
BRAKE T
SKID
LOAD
FIRE1 FIRE2 FLUID BRGTEMP
APU OIL
APU COOL
HTP TANK T
TANK PRESS
HTP PUMP T
HTP LOW
ROCKET
FUEL LOW
DECU
OIL
2
ROLEX
MPH x 100
RECALL
ROLEX
RESET
CHUTES
L - ENABLE - R
HYD PRESS
AIRBRAKES NORMAL
EMERGENCY
FRONT — WINGS — REAR
RUN
ENABLE
RUN
ENABLE
TEST
FAS MOTOR
PROCESSORS ON
1 - BATTERY - 2
PANEL LIGHTS COCKPIT
RECORD VIDEO TRANSMIT
RESET
STOP
START
ROLEX POWER
COCKPIT
FIRE SYSTEM TEST
THROTTLE OPERATE
IDLE
EJ200 RUN
DECU POWER
DECU LANE
LP COCK OPEN
CLOSED
LP PUMPS RUN
ROCKET OPERATE
APU ON
3
HTP TANK OPEN
CLOSED
4
5

LES BATEAUX

Les constructeurs rivalisent d'imagination et d'audace pour créer des navires toujours plus innovants en termes d'écologie, de confort et de coûts d'utilisation. Avant 2020, des bâtiments aux designs extraordinaires, dotés de capacités motrices inédites, bouleverseront notre perception de la navigation.

LE TETRAHEDRON

Imaginé par l'architecte anglais Jonathan Schwinge, le Tetrahedron est un yacht de luxe révolutionnaire. Entièrement fabriqué à partir de matériaux inoxydables et de fibre de carbone, ce navire réinvente le yacht de plaisance. Sa forme futuriste est celle d'un tétraèdre : une base pyramidale, trois côtés, quatre faces.
Sa forme, sa structure et sa propulsion sont pensées pour qu'il puisse s'élever au-dessus de la ligne de flottaison. Ainsi, lorsqu'il atteint la vitesse de 35 km/h, il semble littéralement voler sur l'eau grâce à sa coque HYSWAS (Hydrofoil Small Waterplane Area Ship).

PAYS : *GRANDE-BRETAGNE*
CONCEPTEUR(S) : *JONATHAN SCHWINGE*
TARIF : *NC*
DATE DE LANCEMENT : *2018*

LE TETRAHEDRON
Ce vaisseau, qui ressemble à s'y méprendre à celui de *Star Wars*, comprend de spacieuses terrasses au soleil, une salle à manger en plein air, des jeux d'eau et un ensemble d'escaliers escamotables menant directement à la mer. Il pourrait accueillir six passagers et quatre membres d'équipage.

PAYS : ALLEMAGNE
CONCEPTEUR(S) : SEALANDER AG
TARIF : 90 000 €
DATE DE LANCEMENT : 2018

LE SEALANDER
L'intérieur entièrement configurable de la cabine est vaste et confortable : il se compose d'un salon/salle à manger, d'un coin cuisine et d'un coin couchage pour quatre personnes. Cette cabine se prolonge même d'une petite terrasse qui permet aux passagers de profiter du soleil.

LE SEALANDER

Le Sealander n'est autre qu'une caravane qui permet à ses passagers de s'installer aussi bien au bord de la route qu'au beau milieu de l'eau. Grâce à ses capacités amphibies, cette roulotte révolutionnaire offre désormais une mobilité sans limite. Pouvant être tractée aussi bien par une voiture que par un bateau, cette caravane permet de découvrir les joies du camping aquatique.

LE SOUS-MARIN LOVERS DEEP

Après la construction d'une chambre d'hôtel sous-marine à Zanzibar, la compagnie de voyages de luxe « Voyages Oliver Inc. » offre à ses clients la possibilité de passer la nuit dans un sous-marin spécialement adapté à ces croisières d'un genre nouveau. À bord se trouvent un espace d'observation, un coin repas, une chambre d'hôtes, ainsi que du personnel – le capitaine, un chef de cabine et un majordome – qui partage une cabine insonorisée à l'extrémité du sous-marin afin d'assurer l'intimité des passagers.

LOVERS DEEP
De grandes baies vitrées offrent aux passagers une vision saisissante des fonds marins dans lesquels se déplace le navire, à des profondeurs variables.

PAYS : ÉTATS-UNIS
CONCEPTEUR(S) : VOYAGES OLIVER INC.
TARIF : 207 000 € LA NUIT
DATE DE LANCEMENT : 2018

SEA ORBITER
Un consortium de quatre industriels mène ce projet : Technip pour l'ingénierie et la maîtrise d'œuvre, ABB pour la propulsion, Constellium pour le matériau (le Sea Orbiter devrait être fabriqué en sealium, un alliage d'aluminium spécifique au milieu marin) et Veritas pour la validation des études.

LE SEA ORBITER

Fruit de l'imagination de l'architecte océanographe Jacques Rougerie, le Sea Orbiter représente l'équivalent sur mer de la Station spatiale internationale (ISS) dans l'espace. La partie immergée du vaisseau et la partie extérieure en forme de voile mesurent chacune 30 m de haut et lui permettent de flotter sur les océans pendant de longues périodes. Comme l'ISS, le Sea Orbiter est destiné à l'observation scientifique et pourra héberger un équipage de vingt personnes ainsi que les technologies les plus innovantes en vue de l'exploration des océans et des fonds marins.

PAYS : *FRANCE*
CONCEPTEUR(S) : *JACQUES ROUGERIE & CONSORTIUM*
TARIF : *NC*
DATE DE LANCEMENT : *2019*

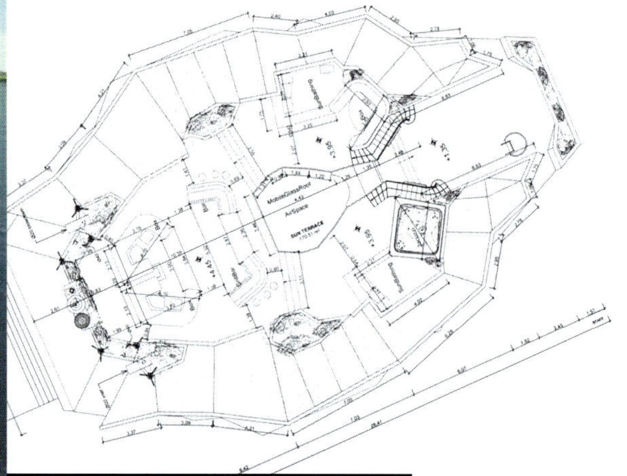

PAYS : AUTRICHE
CONCEPTEUR(S) : ORSOS ISLAND COMPANY
TARIF : 5,4 MILLIONS €
DATE DE LANCEMENT : 2017

ORSOS ISLAND
L'île est équipée d'un récupérateur d'eau de pluie et d'un récupérateur de chaleur qui alimentent la climatisation et le chauffage de la plateforme.

ORSOS ISLAND

Envie d'une île que vous pourrez déplacer à votre gré n'importe où sur l'océan ? Voici une véritable île artificielle, sorte de coin de paradis mobile réservé aux plus fortunés. Cette plateforme dérivable est écologique et entièrement autonome : des éoliennes et 160 m^2 de panneaux photovoltaïques assurent tous les besoins de l'île en électricité. Douze personnes peuvent prendre place à bord de l'Orsos d'une surface habitable de 1 000 m^2.

QUANTUM OF THE SEAS

Quel adjectif pourrait le mieux décrire l'extraordinaire palace flottant qu'est le Quantum of the Seas ? En effet, ce navire révolutionnaire bouleverse tous

PAYS : *NORVÈGE*
CONCEPTEUR(S) :
LADE AS COMPANY
TARIF : *NC*
DATE DE LANCEMENT : *2019*

VINDSKIP
Ce navire consommera 60 % d'énergie de moins qu'un navire de fret transportant un poids équivalent, mais surtout il réduira son émission de gaz à effet de serre de 80 %.

les codes des traversées en mer et offre une nouvelle perspective sur le voyage en croisière. Avec pour objectif d'offrir toutes les activités possibles à bord et grâce à ses cabines ultramodernes, sa technologie innovante, ses équipements hors-normes, le Quantum of the Seas représente un véritable défi entièrement tourné vers le luxe, le dépaysement, le confort et le loisir.

LE FRET MARITIME ÉCOLO

Utiliser la coque de ce navire marchand comme une voile : tel est la caractéristique du Vindskip. Ce bâtiment écologique destiné au transport de marchandises est équipé de tous les systèmes permettant de le rendre entièrement autonome : recycleurs d'eau de mer, récupérateurs de chaleur, panneaux photovoltaïques, etc. Et son moteur fonctionne au gaz naturel !

QUANTUM OF THE SEAS
Voici le navire de croisière le plus gigantesque de tous les temps !

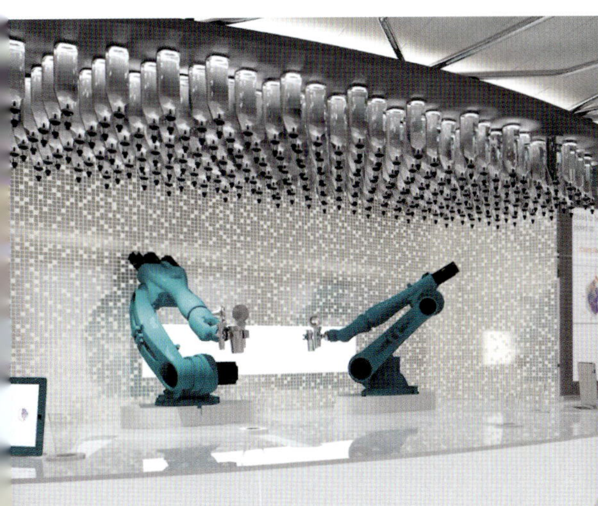

PAYS : *ÉTATS-UNIS/NORVÈGE*
CONCEPTEUR(S) :
ROYAL CARIBBEAN
TARIF : *840 MILLIONS €*
DATE DE LANCEMENT : *2015*

LES AVIONS

Après quelques décennies sans grande révolution, les avions commerciaux vont connaître une véritable rupture technologique, tant dans la motorisation et le confort de la cabine des passagers que dans la technique de vol : voici les avions transparents, spatiaux et supersoniques !

LE SKYLON est un avion spatial entièrement réutilisable, destiné à fournir un accès fiable à l'espace. Il est conçu pour acheminer 15 tonnes de fret vers la future station orbitale, mais il pourra aussi faire voyager 25 passagers d'un bout à l'autre de la Terre en moins de 4 heures. Ses premiers vols sont prévus pour 2025.

PAYS : *GRANDE-BRETAGNE*
CONCEPTEUR(S) : *REACTION ENGINES LIMITED*
TARIF : *NC*
DATE DE LANCEMENT : *2025*

SKYLON L'AVION SPATIAL

Le vaisseau spatial Skylon vient de décoller d'une piste, comme un avion, à la vitesse de 560 km/h. Le voici à 28 km d'altitude. Il a atteint Mach 5 (6000 km/h).
Dans quelques instants vont s'allumer les moteurs-fusées qui vont accélérer l'engin spatial jusqu'à 29000 km/h. Skylon sera alors en orbite, à 200 km de la Terre.
Puis viendront la phase de freinage par fusées et la rentrée dans l'atmosphère, à 120 km de haut.
Enfin, ce sera l'atterrissage à l'horizontale : Skylon sera redevenu un avion.

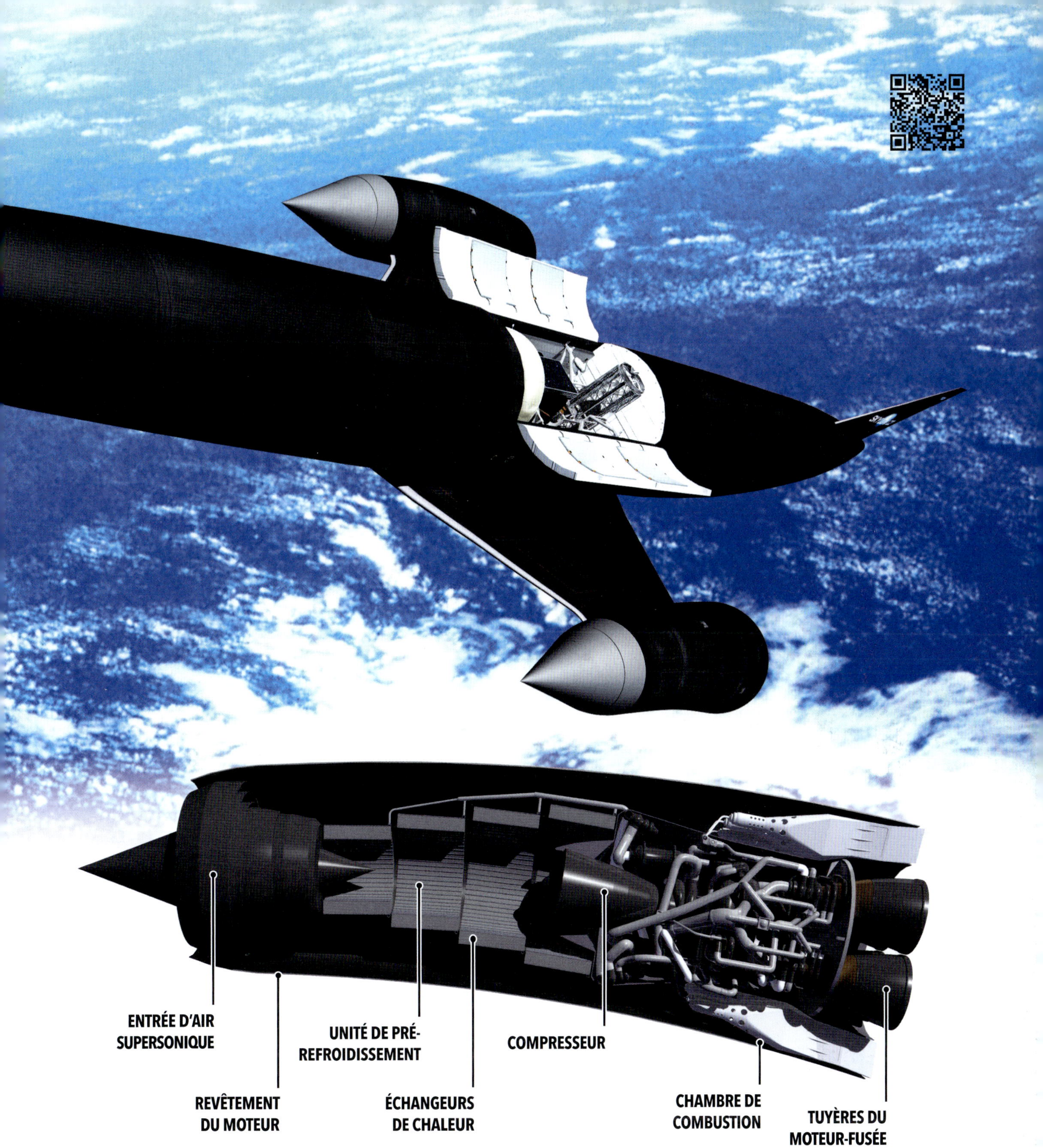
ENTRÉE D'AIR SUPERSONIQUE
REVÊTEMENT DU MOTEUR
UNITÉ DE PRÉ-REFROIDISSEMENT
ÉCHANGEURS DE CHALEUR
COMPRESSEUR
CHAMBRE DE COMBUSTION
TUYÈRES DU MOTEUR-FUSÉE

PAYS : *ÉTATS-UNIS*
CONCEPTEUR(S) : *NASA*
TARIF : *NC*
DATE DE LANCEMENT : *2023*

N3-X Le grand défi de la NASA : construire un avion supersonique qui, un demi-siècle après le Concorde, prendra la relève. Dès 2023, l'engin sera capable de voler deux fois plus vite que le son et cent fois moins bruyamment que le Concorde.

L'AVION SUPERSONIQUE DE LA NASA

Vous découvrez ici un avion encore expérimental de la NASA, baptisé N3-X. Il a été conçu de telle manière que son aile se fond parfaitement dans le fuselage, ce qui le rend extrêmement aérodynamique. De plus, il est propulsé par des moteurs d'un genre entièrement nouveau : des moteurs turboélectriques supraconducteurs. Ce système ingénieux abaisse de manière spectaculaire la consommation de carburant tout autant que le bruit.
Ainsi, dès 2023, il vous sera peut-être possible de glisser dans l'air plus vite que le son, dans un silence presque parfait…

DÉCOLLAGE VERTICAL

Depuis des décennies, le rêve des concepteurs est de parvenir à construire un avion capable de décoller et d'atterrir à la verticale. L'agence américaine de recherche militaire (la DARPA) sera peut-être la première à relever le défi grâce à son programme X-Plane. L'avion, baptisé Aurora, est équipé de rotors qui basculent entièrement avec les ailes : à plat pour le vol horizontal, vers le bas pour le vol stationnaire. Les premiers essais débuteront dès 2018.

AURORA
Vous pouvez voir ci-contre que contrairement à l'image ci-dessus, les ailes d'Aurora sont basculées à la verticale, ce qui permettra à l'appareil de se poser en quelques instants en douceur dans ce paysage de montagne.

PAYS : *ÉTATS-UNIS*
CONCEPTEUR(S) : *DARPA*
TARIF : *NC*
DATE DE LANCEMENT : *NC*

UN AIRBUS TRANSPARENT

Voici l'avion transparent imaginé par Airbus !
Ce concept révolutionnaire repose sur l'utilisation de matériaux « bioniques » ultralégers et extraordinairement résistants pour la construction de la cabine. Celle-ci contrôle la température de l'air et peut devenir transparente pour donner aux passagers des vues panoramiques du ciel et de la Terre.
Dès lors, vous serez en mesure detout voir, sur les côtés, en face et même au-dessus de vous.
Bien que ce projet ne soit pas encore en phase industrielle, Airbus promet que les premiers appareils transparents pourraient prendre l'air vers 2030.
En espérant que la transparence ne trouble pas les passagers les plus craintifs…

SKYDECK

En attendant l'avion transparent, la firme Windspeed travaille sur un ascenseur qui devrait soulever deux sièges de l'avion jusqu'à une bulle d'observation située au-dessus du fuselage. Les passagers auraient alors le loisir d'observer avec enchantement l'horizon lointain, les jeux d'ombres et de lumière du soleil sur les nuages, tout cela à 10000 m d'altitude. Windspeed espère mettre en service sa baie d'observation vers 2020. Le système pourra également être réalisé sous la forme d'un simple escalier donnant accès à la bulle panoramique.
Bon vol à vous !

PAYS : *ÉTATS-UNIS*
CONCEPTEUR(S) : *WINDSPEED*
TARIF : *NC*
DATE DE LANCEMENT : *2020*

LA CABINE D'AIRBUS
Et si les avions de ligne devenaient en partie transparents ? Telle est l'idée des designers d'Airbus qui ont imaginé ce concept qui pourrait être industrialisé durant la prochaine décennie…

UNE VUE PANORAMIQUE
Vous voilà sur le pont, bien calé sur votre siège qui sent bon le cuir. Vous vous sentez en sécurité comme jamais sous cette bulle ensoleillée d'où vous observez la mer de nuages qui glisse mollement sous l'avion. Un vrai tapis volant.

PAYS : *ÉTATS-UNIS*
CONCEPTEUR(S) : *BOOM AIRCRAFT*
TARIF : *5 000 € LE BILLET*
DATE DE LANCEMENT : *2020*

❶ LE SUCCESSEUR DU CONCORDE
À la différence du Concorde, très lourd parce qu'en aluminium, Boom sera ultraléger, car en fibre de carbone. Cet avion-fusée sera donc 2,6 fois plus rapide que tout autre avion. En revanche, le prix d'un billet devrait être proche de 5 000 €.

BOOM, L'AVION SUPERSONIQUE

Et s'il vous était possible, vers 2020, d'aller de Paris à New York en moins de trois heures ? Un fantastique bond en avant, qui pourrait bien se réaliser bientôt, grâce à la firme aéronautique américaine Boom. L'objectif ? Faire voler avant la fin de l'année 2017 l'avion le plus rapide du monde : 2,2 fois la vitesse du son. Son altitude de croisière sera de 25 000 mètres avec 40 passagers à bord. Les hublots seront plus grands que sur les avions d'aujourd'hui, ce qui permettra de contempler la courbure de la Terre et les merveilles du ciel. La société a récemment reçu le soutien de Virgin Group de Richard Branson, qui est en train de développer, par ailleurs, des vols spatiaux pour le grand public.

EXPRESS SKYWAYS

À présent, voici le fleuron de l'industrie aéronautique européenne : Express Skyways ! Le fantastique atout de cet avion présenté en 2012 est une accélération propulsée qui lui permettra de décoller selon une pente très abrupte, voisine de la verticale et de gagner très rapidement – en moins de deux minutes – son altitude de croisière. Ce type d'avion devrait apparaître autour de 2030.

PAYS : *FRANCE*
CONCEPTEUR(S) : *AIRBUS*
TARIF : *NC*
DATE DE LANCEMENT : *2030*

EXPRESS SKYWAYS
Ce décollage à pic et ultra-rapide devrait entraîner une spectaculaire réduction du bruit et, bien sûr, de la pollution. Autre avantage, étant à atterrissage court, l'encombrement des pistes sera réduit.

LA PROCHAINE CABINE DE BOEING

Voici la cabine d'un Boeing dans laquelle vous allez peut-être embarquer d'ici quelques années. Vous voyagerez dans un silence presque total et votre siège, très spacieux et modulable, sera isolé de celui de votre voisin, ce qui vous permettra de vous connecter à Internet en toute tranquillité. Enfin, transformé en écran géant, le plafond pourra donner la sensation de voler à ciel ouvert ou encore afficher toutes les informations utiles sur les conditions de vol. Bienvenue à bord d'ici 2020 !

PAYS : ÉTATS-UNIS
CONCEPTEUR(S) : BOEING
TARIF : NC
DATE DE LANCEMENT : 2020

ESPACE DÉTENTE
Envie de vous dégourdir les jambes ou de vous détendre entre amis ? Un bar vous attend dans un espace loisir. Et si vous voulez admirer le spectacle du ciel, un écran panoramique se déploie au plafond et vous entraîne dans un défilé d'images qui rendra encore plus intense votre expérience du voyage.

UN VOL CONNECTÉ
Enfin, si vous souhaitez travailler durant la traversée, il vous suffit d'allumer l'écran placé devant votre siège puis d'activer le Wifi et vous voilà parti pour plusieurs heures de surf sur Internet. Envie d'un film ? Boeing vous en propose des centaines, téléchargeables en un clic. Le nouveau tourisme aérien est né…

LES DIRIGEABLES

D'ici 2020, un siècle après les Zeppelin, de fantastiques dirigeables vont s'élancer de nouveau à la conquête du ciel. Certains vont transporter des centaines de tonnes de marchandise. D'autres iront jusqu'à la stratosphère, à plus de 40 000 mètres d'altitude. Bienvenue à bord !

❶ PANNEAUX SOLAIRES
Les capteurs photovoltaïques reçoivent 4 fois plus d'énergie grâce aux rangées de miroirs.

❷ ROTATION DU BALLON
L'engin peut pivoter sur son axe pour profiter au mieux de la luminosité solaire.

❸ MIROIRS
Des miroirs au centre du dirigeable recueillent la lumière du soleil vers des capteurs photovoltaïques situés à son sommet.

❹ ANNEAU CENTRAL DE ROTATION
Il permet aux moteurs de maintenir le dirigeable immobile en déplaçant son axe.

❺ MOTEURS
Un moteur à hélice de chaque côté de la nacelle permet d'annuler la force des vents contraires.

❻ NACELLE
Elle contient la centrale de navigation, le système d'observation satellitaire et les réservoirs de la pile à combustible réversible. Cette dernière autoalimente le ballon du dirigeable gonflé à l'hydrogène. Elle utilise l'énergie photovoltaïque pour générer le précieux gaz à partir de l'eau en journée. La nuit, elle produit la réaction inverse, et recréée de l'eau en partant de l'hydrogène.

PAYS : *FRANCE*
CONCEPTEUR(S) : *THALES*
TARIF : *NC*
DATE DE LANCEMENT : *2020*

STRATOBUS, UN DIRIGEABLE STRATOSPHÉRIQUE

Enfin un engin capable d'aller en douceur dans la stratosphère : le Stratobus ! Ce magnifique aéronef de 100 mètres de long tient à la fois du drone et du satellite. Capable de monter à 20 000 mètres d'altitude et de s'y maintenir immobile pendant 5 ans (et ce malgré les vents), autoalimenté en énergie solaire, le Stratobus pourra observer au sol des détails allant jusqu'à 10 cm et ainsi surveiller des zones de crise, réguler le trafic maritime, prévoir l'évolution du climat, apporter la couverture Internet ou le GPS dans des zones inaccessibles et bien d'autres exploits fabuleux.

LE DRAGON
En plus du marché militaire, la compagnie Aeros Corp vise également le marché du tourisme, et envisage de véritables « croisières aériennes ».

PAYS : *ÉTATS-UNIS*
CONCEPTEUR(S) :
AEROS CORP
TARIF : *NC*
DATE DE LANCEMENT : *2015*

LE TABLEAU DE BORD
On peut remarquer au centre de la cabine de pilotage, entre les deux copilotes, la zone de commande essentielle pour tout dirigeable : le contrôle de l'hélium.

LE DRAGON D'AEROS

Vous voici aux commandes d'un fabuleux paquebot aérien : le Dragon. Capable de rester en l'air durant plusieurs jours et conçu pour débarquer (et embarquer) des passagers et du matériel sur n'importe quel site, le « Dragon du Ciel » pourra accomplir des missions très variées, allant de la surveillance et des patrouilles de sécurité aux expéditions de recherche et de sauvetage. La compagnie américaine Aeros Corp a annoncé la production de 24 de ces grands dirigeables, idéaux pour le transport de fret, avec des capacités allant de 66 à 250 tonnes.

AIRLANDER 10

21 mars 2016, dans la banlieue de Londres. Ce jour-là vient de sortir d'un hangar un immense ballon dirigeable : l'Airlander 10. C'est le plus gros engin volant du monde, dépassant de 20 m de long l'Airbus A 380.
Et le voici devant vous, prêt à vous accueillir à bord d'une cabine luxueuse, garnie de larges baies d'observation. L'Airlander 10 pourra embarquer plus de cent passagers jusqu'à 6000 mètres d'altitude. Muni de patins pneumatiques rétractables, il pourra atterrir n'importe où sur terre, mais aussi sur l'eau ou la glace. Son constructeur, la société Hybrid Air Vehicles, souhaite l'utiliser pour des missions variées : la surveillance aérienne, le fret, mais également le transport de personnes.

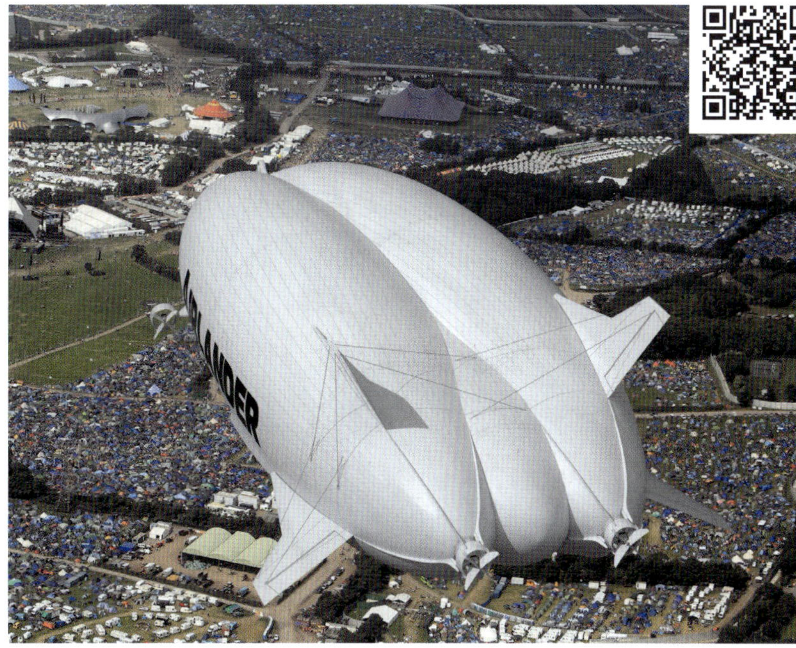

MULTITÂCHE
Ce magnifique dirigeable sera également utilisé pour les voyages touristiques sur des lignes régulières ou sur des parcours spéciaux. La première liaison pourrait être assurée entre Londres et Paris vers 2020.

PAYS : *GRANDE-BRETAGNE*
CONCEPTEUR(S) : *HYBRID AIR VEHICLES*
TARIF : *NC*
DATE DE LANCEMENT : *2016*

AUTONOMIE RECORD
Airlander 10 pourra voler à plus de 100 kilomètres à l'heure durant une semaine entière, avec une cargaison pouvant peser jusqu'à 10 tonnes, hélitreuillée sous la nacelle de l'aéronef.

L'ESPACE

Verticale, la nouvelle frontière scintille dans la nuit des mille soleils. L'ascenseur spatial, la navette Space X, le ballon stratosphérique et bien d'autres merveilles spatiales vont nous ouvrir le chemin des étoiles. En route ! L'espace immense nous attend.

LE « SPACE ELEVATOR » La NASA affirme qu'en prenant l'ascenseur spatial, le prix d'un billet pour l'espace ne sera que de 220 dollars, soit l'équivalent d'un billet d'avion.

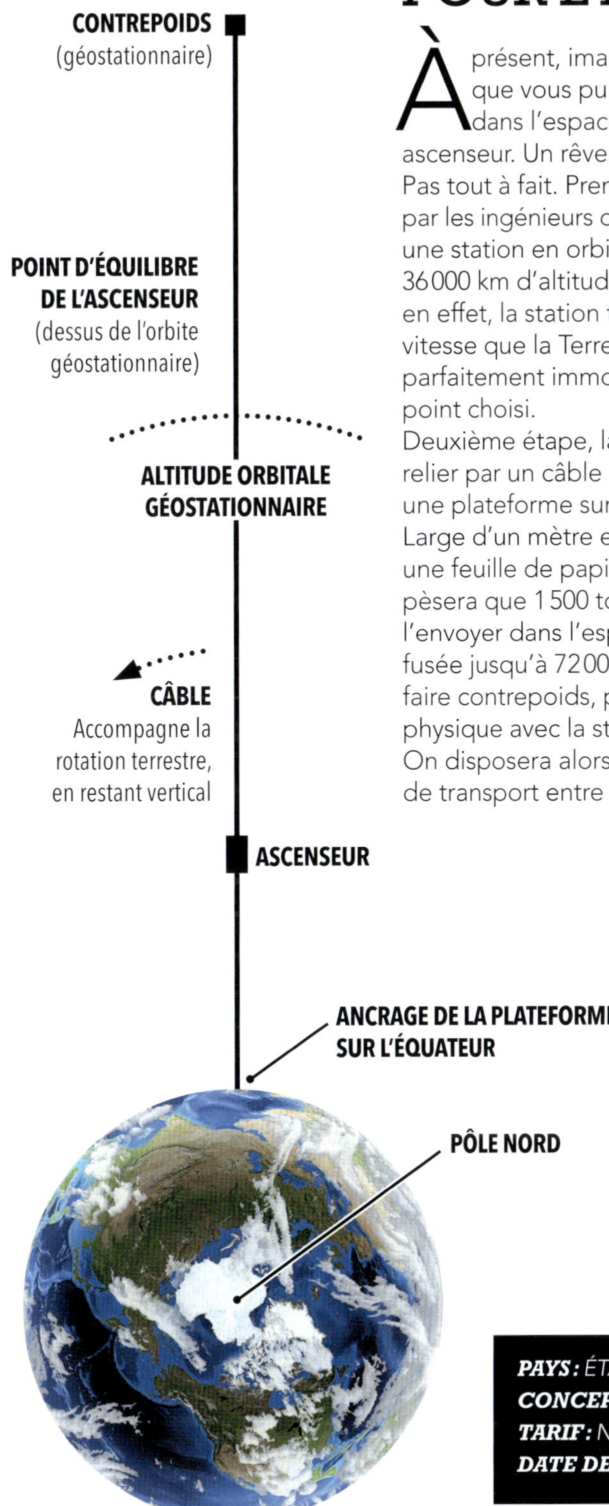

UN ASCENSEUR POUR L'ESPACE

À présent, imaginez… Imaginez que vous puissiez vous rendre dans l'espace à bord d'un simple ascenseur. Un rêve de science-fiction ? Pas tout à fait. Première étape imaginée par les ingénieurs de la NASA : assembler une station en orbite géostationnaire à 36 000 km d'altitude. À cette distance, en effet, la station tourne à la même vitesse que la Terre et reste donc parfaitement immobile au-dessus du point choisi.
Deuxième étape, la plus étonnante : relier par un câble la station spatiale et une plateforme sur le sol terrestre. Large d'un mètre et mince comme une feuille de papier, le câble ne pèsera que 1 500 tonnes. Il suffira de l'envoyer dans l'espace grâce à une fusée jusqu'à 72 000 km d'altitude pour faire contrepoids, puis d'établir la liaison physique avec la station au sol.
On disposera alors d'un fabuleux moyen de transport entre la Terre et l'espace !

PAYS : *ÉTATS-UNIS*
CONCEPTEUR(S) : *NASA*
TARIF : *NC*
DATE DE LANCEMENT : *NC*

PAYS : *ÉTATS-UNIS*
CONCEPTEUR(S) : *SPACE X*
TARIF : *NC*
DATE DE LANCEMENT : *2017*

DRAGON 2, UNE FUTURE NAVETTE SPATIALE

Voici la prochaine génération de vaisseau spatial : le Dragon 2, construit par la firme Space X (à l'origine du train supersonique Hyperloop).
À la différence du Dragon 1, qui effectue depuis 2010 des missions non habitées d'approvisionnement de la Station spatiale internationale (ISS), le Dragon 2 sera capable de faire un atterrissage en douceur sur n'importe quelle planète. Il pourra transporter sept astronautes vers l'ISS et même jusqu'à Mars, comme on le voit ci-dessus. Le vaisseau sera réutilisable et, de l'aveu même de la NASA, va sans doute révolutionner l'accès à l'espace.

▲ MARS EN 2030
Vers 2030, Space X espère que Dragon 2 pourra transporter des hommes sur Mars… et les ramener sains et saufs. Un immense défi en perspective.

▼ DRAGON 2
Un premier vol avec des hommes à bord est prévu pour 2017. Puis, en 2018, devrait avoir lieu un aller-retour inhabité sur Mars.

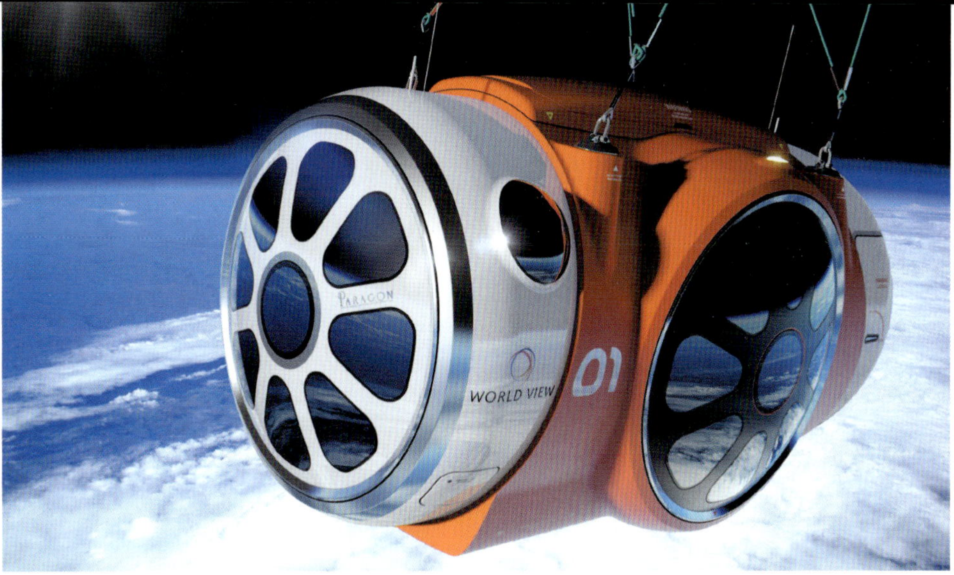

➌ UNE CAPSULE STRATOSPHÉRIQUE
Cette capsule à larges hublots est peut-être l'engin qui, à partir de 2020, va vous emmener dans l'espace à plus de 30 km au-dessus de notre planète. Vous n'aurez besoin d'aucun entraînement physique pour monter à bord de cet engin.

➍ UN VOL COMMERCIAL
Le 22 octobre 2016, l'Administration Aéronautique Fédérale a classé la capsule spatiale ci-contre dans la catégorie des « vols commerciaux », ouvrant ainsi la voie au tourisme spatial. Le ticket pour l'espace devrait coûter 50 000 € à partir de 2020.

L'ESPACE POUR TOUS

Vous voici à bord de la capsule World View Spacecraft, suspendue à un ballon.
Votre vol spatial commence par une promenade aérienne en douceur, dans le confort d'une capsule luxueusement aménagée.
Au-dessous de vous, le paysage devient de plus en plus petit tandis que vous vous élevez dans le calme. Bientôt, les contours des continents apparaissent. Une fois à 30 000 mètres d'altitude, vous pourrez contempler la courbure de notre planète bleue sous le manteau argenté des nuages et la profondeur du ciel noir piqué d'étoiles.

❶ DÉCOLLAGE depuis la plateforme de lancement.
❷ ALTITUDE DE 20 KM supérieure aux vols commerciaux et aux avions militaires.
❸ 2 HEURES D'OBSERVATION 1 h 30 après le décollage, la capsule s'immobilise dans la stratosphère à 30 km d'altitude.
❹ DESCENTE Le ballon se sépare de la capsule qui redescend vers le sol en 30 minutes, après un voyage de 4 heures.
❺ ARRIVÉE L'atterrissage se fait à 500 km de la plateforme de lancement. Les passagers y retournent en avion.

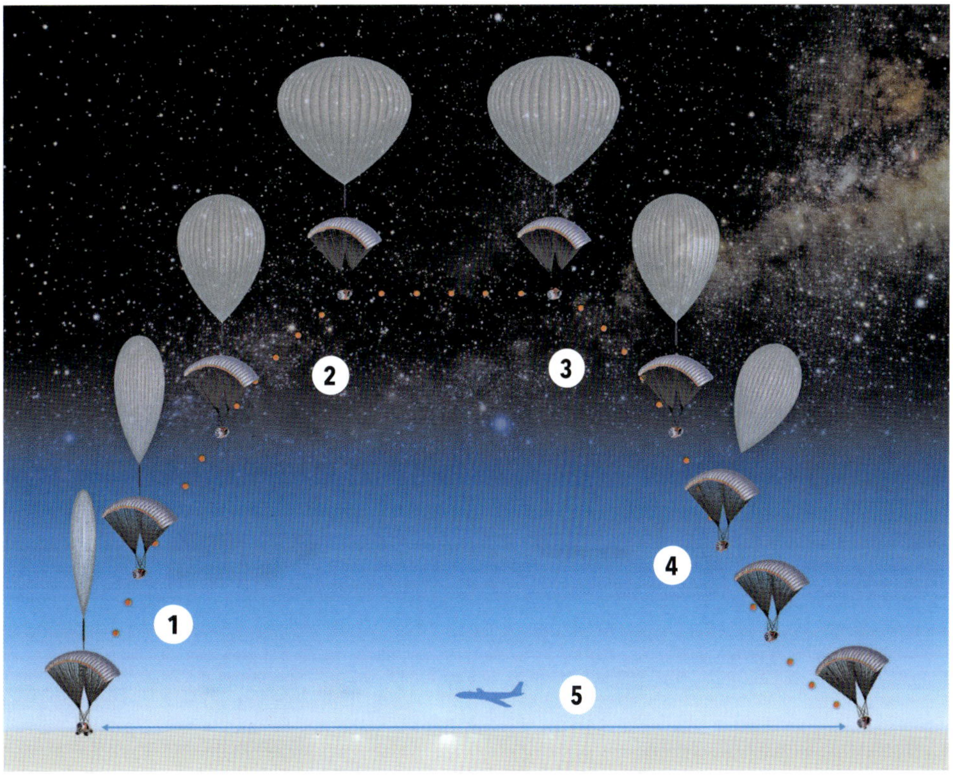

PAYS : *ÉTATS-UNIS*
CONCEPTEUR(S) : *WORLD VIEW*
TARIF : *135 000 €*
DATE DE LANCEMENT : *2017*

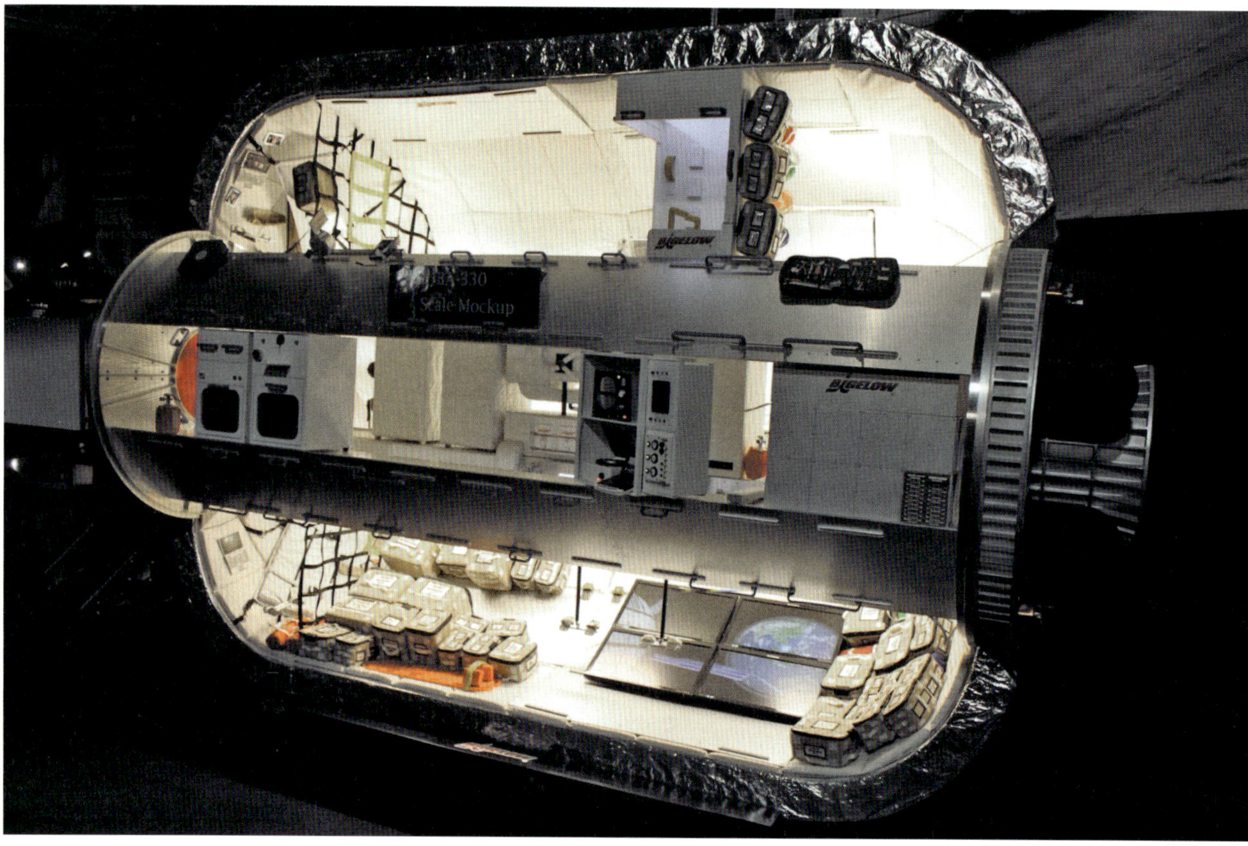

UN HÔTEL DANS L'ESPACE

Construire un hôtel dans l'espace ? Plusieurs compagnies (comme la firme russe Orbital ou encore Virgin Galactic de Richard Branson) en rêvent. Or, un premier pas vient d'être franchi par la NASA. Le 8 avril 2016, le vaisseau SpaceX a envoyé vers la Station spatiale internationale (ISS) un habitat gonflable pouvant héberger deux « touristes spatiaux ». Le père de ces modules n'est autre que Robert Bigelow, propriétaire de la célèbre chaîne d'hôtels Budget. Son objectif ? Lancer le premier hôtel en orbite.
En mai 2016 ont débuté les premiers essais de gonflage. Si tout se passe bien, ces modules pourraient être assemblés en un véritable hôtel des étoiles, comme ci-contre où l'on compte quatre « chambres ». Vous voulez réserver ? Adressez-vous à Bigelow Aerospace !

PAYS : ÉTATS-UNIS
CONCEPTEUR(S) : BIGELOW AEROSPACE
DATE DE LANCEMENT : 2025
TARIF : NC

LES MODULES Plusieurs modules spatiaux gonflables ont déjà été construits. Ils sont censés offrir des chambres réputées « confortables » aux futurs touristes et attendent d'être embarqués dans l'un des prochains vols vers l'ISS.

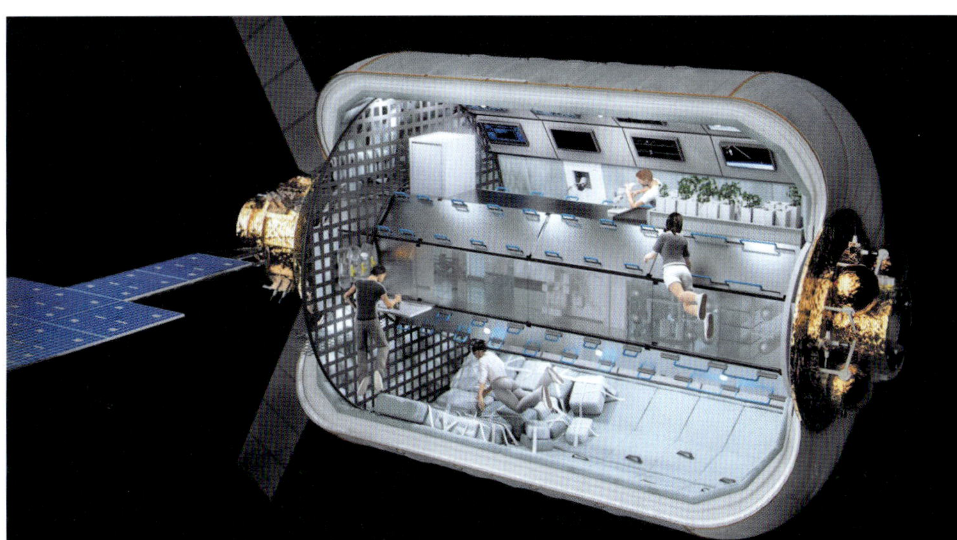

TOURISME SPATIAL
Selon les prévisions de Bigelow Aerospace, un hôtel d'une ou deux chambres pourrait accueillir les premiers touristes avant 2025.

LE PLUS PETIT TÉLESCOPE AU MONDE

C'est au salon TechCrunch Disrupt qui s'est tenu à New York et à San Francisco en 2016, que ce fabuleux appareil photo a stupéfié les visiteurs. C'est le plus petit télescope au monde ! Les capacités de cette nouvelle caméra astronomique, baptisée Tiny 1, sont sans équivalent pour sa petite taille. En combinant un capteur qui fonctionne parfaitement à très faible éclairage avec un traitement d'image exceptionnel, on obtient des images du ciel nocturne, des planètes et des constellations qui rivalisent avec les clichés pris dans les observatoires professionnels.

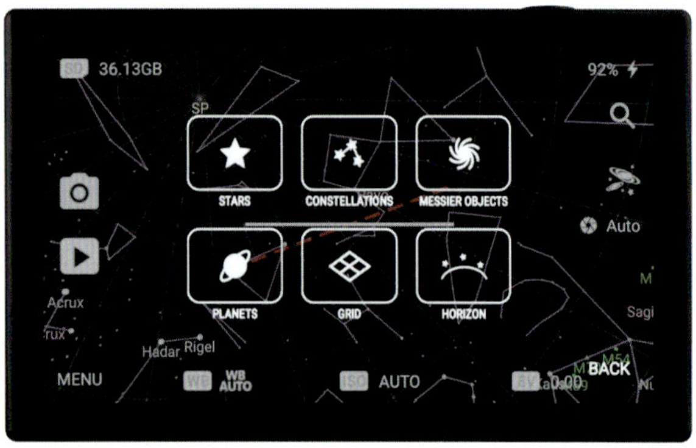

REPÉRAGE AUTOMATIQUE
L'écran tactile vous permet de sélectionner les étoiles, les constellations ou même, les galaxies lointaines que vous souhaitez photographier. Point fort : la courte durée d'exposition, 30 secondes à peine.

PAYS : *ÉTATS-UNIS*
CONCEPTEUR(S) : *TINYMOS*
TARIF : *450 €*
DATE DE LANCEMENT : *2017*

PLUSIEURS OBJECTIFS
En plaçant un objectif plus puissant que celui d'origine, l'on peut obtenir des photos d'une étonnante précision, comme ici avec la lune, mais aussi avec des objets encore bien plus lointains, comme des galaxies à des millions d'années-lumière de chez nous…

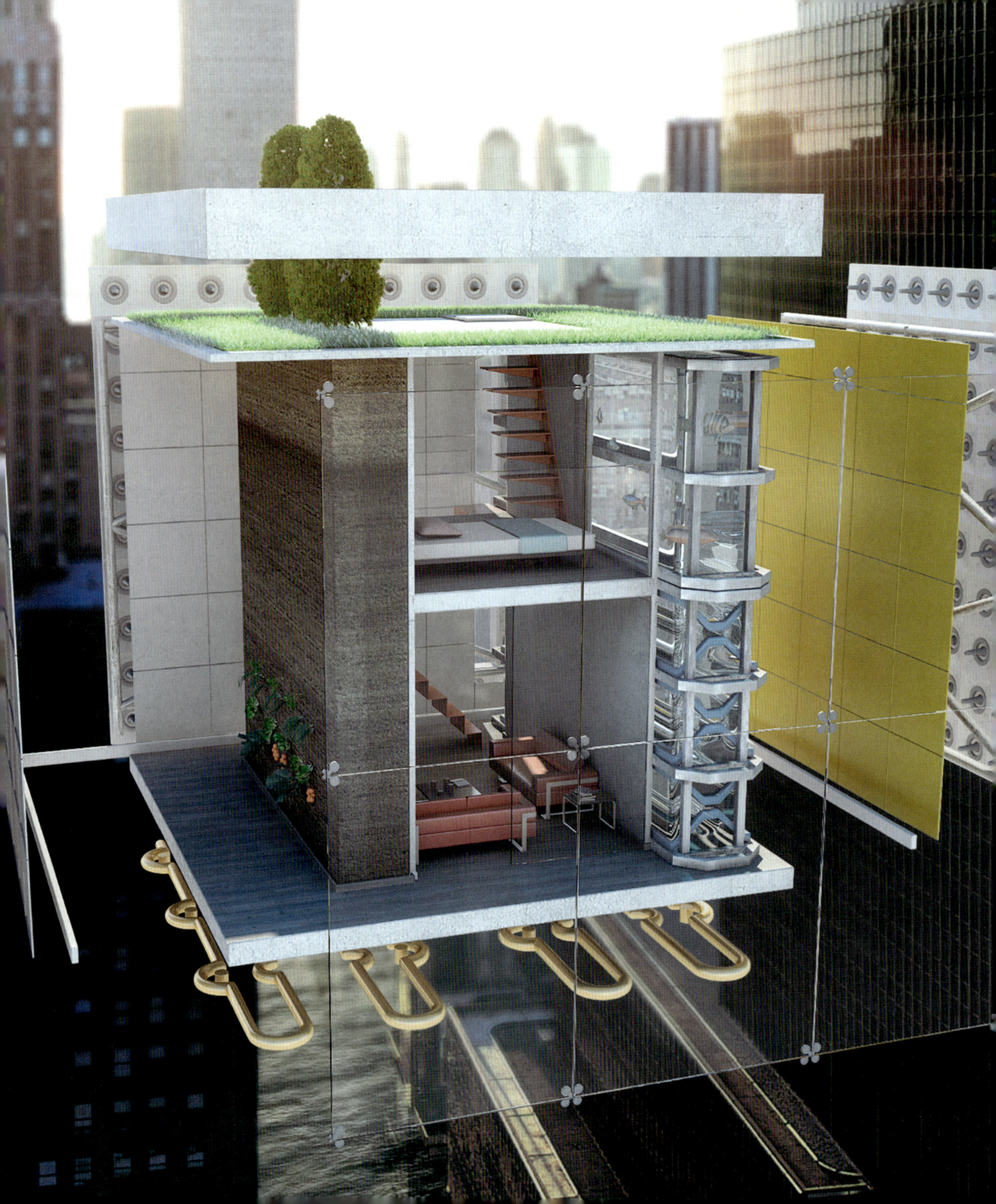

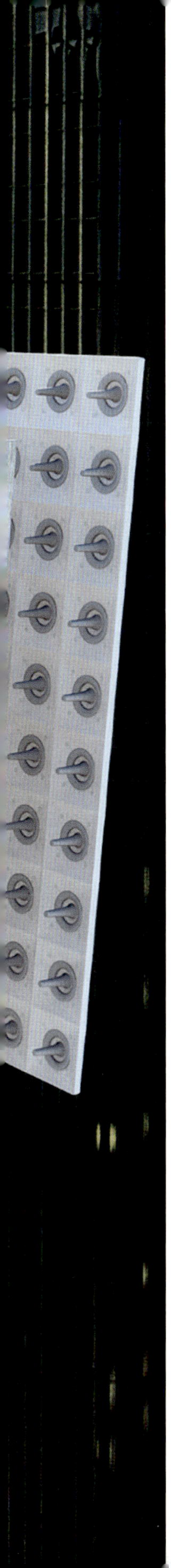

Smartphones, vêtements intelligents, robots de cuisine, montres connectées, etc. : désormais, la révolution numérique fait partie de notre vie « de tous les jours ». Qu'il s'agisse de chaussures LED ou de lunettes 3D, nous voici connectés de la tête aux pieds par ces objets « technomagiques » desquels, décidément, il devient de plus en plus difficile de se passer. Quiconque, aujourd'hui, n'a pas de téléphone portable s'isole inévitablement de la modernité : considéré comme un marginal, il est, au sens littéral, déconnecté, exclu de la mythologie contemporaine où tous ces objets semblent « aller de soi ». Car, passé le premier étonnement, ces petits miracles de la technologie disposés à portée de main derrière les vitrines nous semblent absolument naturels, évidents et tout à coup, indispensables. Les objets connectés, ces objets dont la source inépuisable se trouve quelque part dans le *cloud*, apparaissent comme une extension de nous-mêmes.

Dans les pages qui suivent, vous allez découvrir à quel point la technologie figure, désormais, dans tous les décors de la vie quotidienne : dans la mode, ses vêtements « intelligents » et ses accessoires, dans la cuisine et ses robots, dans la musique, dans la peinture, etc. Mais au-delà de ces prouesses technologiques qui pourraient, pour certaines d'entre elles, nous sembler éphémères, provisoires, sans lendemain ni aucune vie posthume, la vraie dimension de la technologie moderne, dominée par les ordinateurs, c'est de nous rappeler que ces objets sont désormais dotés d'intelligence et de mémoire : même si l'enveloppe physique de notre smartphone vient à s'user ou se briser, l'*upload* de tout ce qu'il contient (musique, photos, e-mails, SMS, applications, etc.), c'est-à-dire le transfert de sa mémoire vers un nouveau smartphone, suggère, désormais, que nous sommes entrés dans une ère caractérisée par l'immortalité de l'information.

LE SPORT

À présent, découvrez comment le sport va être transformé dans les mois qui viennent grâce aux innovations technologiques. C'est l'aube d'un jour immense et voici quelques-unes des merveilles sportives qui nous attendent. Prêts ? Partons !

ADIDAS SMARTBALL
Grâce au ballon de football connecté, vous pouvez comparer vos tirs avec ceux des professionnels. Lorsque vous frappez contre un mur par exemple, vous visualisez *a posteriori* sur l'application, la trajectoire du ballon.

LE BALLON DE FOOT 2.0

Voici le Smartball ! Ce ballon de foot n'est pas comme les autres : envahi de capteurs, il possède un magnétomètre et est connecté à votre smartphone. En bref, il est intelligent. Frappez-le et il affichera mille informations sur votre écran pour améliorer la précision de votre tir ou maîtriser la technique du coup de pied arrêté. Tout cela avec le même poids et la même taille qu'un ballon réglementaire. Mieux qu'un coach, le Smartball vous ouvre en finesse la voie du foot professionnel.

PAYS : *ALLEMAGNE*
CONCEPTEUR(S) : *ADIDAS*
TARIF : *300 €*
DATE DE LANCEMENT : *2016*

adidas
mi
adidas

LA CHAUSSURE DE SPORT CONNECTÉE

Après le ballon, c'est au tour de la chaussure de devenir intelligente. Enfilez la Digitsole et plus rien ne sera comme avant. Voyons... Vous êtes en montagne et vous avez froid aux pieds. Connectée – elle aussi – à votre smartphone, en un clic, la Digitsole se réchauffe et bientôt, vous oubliez la neige sous vos semelles.
Mais il y a plus : vous pouvez compter vos pas, mesurer les distances parcourues, compter le nombre de calories dépensées durant l'effort...

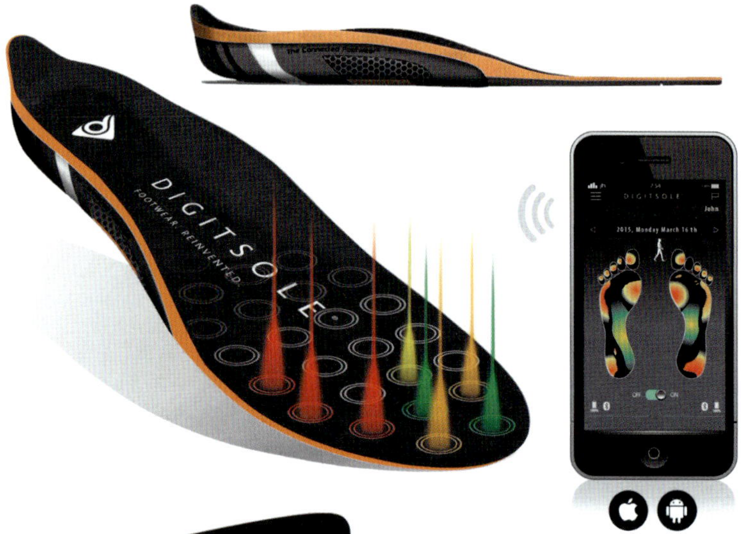

LA SMARTSHOE 001
Vous en rêviez, il existe : un système de laçage automatique ! Et le bonus : une puissante lampe torche, histoire de savoir où vous mettez les pieds.

PAYS : *2016*
CONCEPTEUR(S) : *DIGITSOLE*
TARIF : *400 €*
DATE DE LANCEMENT : *2016*

➲ LE ROBOT TOPIO
Topio a été développé par Tosy, une entreprise vietnamienne spécialisée dans la robotique. L'objectif de la firme ? Confronter Topio au champion du monde de tennis de table… Et le battre !

LE ROBOT CHAMPION DE PING-PONG

Impressionnant ! La créature qui vous fait face a de quoi vous couper les jambes. Mélange de Robocop et de Terminator, Topio est un robot humanoïde bipède, aux épaules sculptées, à la taille de guépard et au visage de playboy implacable. Son unique but ? Jouer au tennis de table contre vous. Et vous battre. Pour cela, il dispose d'une résistance sans limite, de capteurs hypersensibles, d'une souplesse hors pair et surtout d'une intelligence artificielle poussée, qui lui permet d'évaluer votre force, de calculer les coups, de préciser ses balles. Et il apprend. Vous pourrez peut-être le vaincre les premières fois. Mais au fil des parties, impassible, il progresse. Jusqu'à ce que vous ne puissiez plus le battre. Plus jamais.

PAYS : *VIETNAM*
CONCEPTEUR(S) : *TOSY*
TARIF : *NC*
DATE DE LANCEMENT : *NC*

PAYS : *FRANCE ET JAPON*
CONCEPTEUR(S) :
ALDEBARAN ROBOTICS
TARIF : *NC*
DATE DE LANCEMENT : *2016*

ROBOTCUP
Regardez : Nao s'apprête ici à faire la mise en jeu. Selon les roboticiens, c'est peut-être lui qui d'ici 2050, pourrait battre les êtres humains.

LES ROBOTS FOOTBALLEURS

7 juillet 2016. La France élimine l'Allemagne de l'Euro. Pourtant, la veille, l'équipe d'Allemagne remporte la coupe du monde contre les États-Unis. Mais qui était sur le terrain ? Des robots : un terrain plus petit (9 m sur 6 m), une finale plus courte (10 minutes) mais de vrais joueurs mécaniques. Conçus par la firme franco-japonaise Aldebaran, ces robots Nao sont dotés d'une telle intelligence artificielle qu'ils jouent... et gagnent !

LE T-SHIRT CONNECTÉ

À présent, enfilons un T-shirt 2.0 Véritable exo-peau, truffé de microcapteurs, Hexoskin est le premier maillot capable de mesurer la vitesse, la respiration, le rythme cardiaque ou encore température.
Confortable et connecté à votre smartphone, il vous alerte lorsqu'il

PAYS : CANADA
CONCEPTEUR(S) : HEXOSKIN
TARIF : NC
DATE DE LANCEMENT : 2016

HEXOSKIN
Voici la panoplie du T-shirt numérique : au premier plan, le smartphone avec lequel votre vêtement est connecté. Sa batterie a une autonomie de 15 heures et il est doté d'une connexion Bluetooth.

est temps de boire un verre d'eau ou de vous reposer. Ces informations sont consultables à chaque instant grâce à une application dédiée. Une seconde peau.

LES BOTTES IMPRIMÉES EN 3D

Ces bottes futuristes sont imprimées en 3D à partir d'un matériau appelé élasto, semblable au nylon. La chaussure utilise un système de gyroscopes et de capteurs de pression pour déplacer la pression d'air ou de fluides afin de soutenir les mouvements de votre corps pendant que vous marchez ou courez durant l'entraînement. Dorénavant, vous trouverez toujours « chaussure à votre pied ! »

SOLS ADAPTIV
Vous pouvez personnaliser vos bottes sur la base d'une analyse 3D de vos pieds et chevilles. Les semelles comportent des ballons gonflables capables de modifier le soutien à chaque instant.

PAYS : ÉTATS-UNIS
CONCEPTEUR(S) :
SOLS ADAPTIV
TARIF : 90 €
DATE DE LANCEMENT : 2016

LES ÉCRANS

Les écrans sont certainement l'un des symboles les plus marquants du progrès technologique de ces dernières années. Ils sont présents partout et conditionnent la réussite de toute innovation digitale. Et pour notre plus grand plaisir, les chercheurs vont continuer de dépasser les limites de notre imagination.

L'ÉCRAN LE PLUS FIN DU MONDE

Imaginez un écran digital de 55 pouces (140 cm de diagonale), pesant 1,8 kg et d'une épaisseur d'un millimètre… On se croirait en pleine science-fiction et pourtant, cette incroyable prouesse technologique est en phase d'industrialisation. Une couche de composée organique de synthèse, permet à l'écran d'être lumineux sans avoir besoin de rétroéclairage énergivore et volumineux. Et son épaisseur lui permet même d'être plié.

PAYS : CORÉE DU SUD
CONCEPTEUR(S) : LG ELECTRONICS
TARIF : NC
DATE DE LANCEMENT : 2017

UN SMARTPHONE QUI SE FEUILLETTE

ReFlex est un smartphone flexible qui utilise le principe du feuilletage comme un élément central de l'interface homme-machine. Les utilisateurs peuvent même ressentir la sensation de la page tournée sous leurs doigts.

PAYS : CANADA
CONCEPTEUR(S) : UNIVERSITÉ QUEEN'S
TARIF : NC
DATE DE LANCEMENT : NC

REFLEX
Ce smartphone souple révolutionnaire permet aux utilisateurs de véritablement feuilleter leurs applications.

LG OLED
Cet écran est si mince et léger, qu'il est doté d'une couche magnétique permettant de le maintenir à plat sur un tapis magnétique mural (le ruban adhésif double face ou les punaises ne sont pas conseillés par le fabricant !)

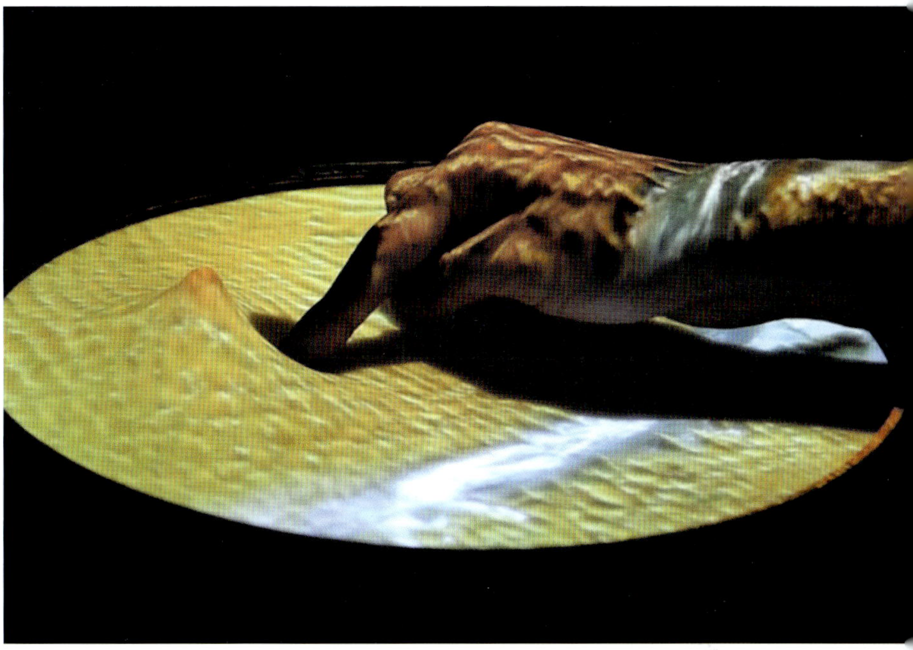

L'ÉCRAN OBAKE
Le principe de l'écran malléable permet toutes les interactions tactiles physiquement possibles, grâce à l'ajout d'une troisième dimension.

PAYS : ÉTATS-UNIS
CONCEPTEUR(S) : MIT (UNIVERSITÉ DE HARVARD)
TARIF : NC
DATE DE LANCEMENT : NC

UN ÉCRAN ÉLASTIQUE ET MALLÉABLE

L'écran élastique Obake a été créé par Dhairya Dand et Rob Hemsley, du Media Lab au MIT.
Le secret de cet écran souple repose sur une membrane malléable et sur une caméra susceptible de reconnaître les mouvements dans les trois directions de l'espace.
Autrement dit, cette caméra « comprend » et interprète les actions de l'utilisateur.
Celui-ci peut compresser la membrane en la pinçant ou zoomer en l'étirant.
Mieux encore, la membrane est capable de se figer dans une forme donnée pour créer des reliefs en 3D.
Par exemple, creuser des vallées du bout des doigts ou au contraire faire émerger des montagnes sur une carte.

LA TECHNOLOGIE ACEP permet de créer des écrans à encre électronique – comme sur les liseuses – mais dans un format géant et en couleur. Ils n'ont besoin d'aucun rétroéclairage et de très peu d'énergie.

UN POSTER COULEUR À ENCRE ÉLECTRONIQUE

La société E Ink, l'un des premiers spécialistes de la technologie de l'encre électronique, vient d'annoncer une percée technologique : grâce à sa technique avancée d'impression couleur sur papier, E Ink obtient des images couleur réfléchissantes de haute qualité. Pour la première fois, un affichage électrophorétique (EPD) permet d'associer une couleur à chaque pixel : le système ACeP établit une nouvelle norme pour les couleurs vives et réfléchissantes réalisables avec EPD.

UN ÉCRAN GÉANT INTERACTIF

AnyPixel.js est un logiciel ainsi que du matériel de bibliothèque open source qui permet d'utiliser le Web afin de créer de grands écrans interactifs. N'importe quel

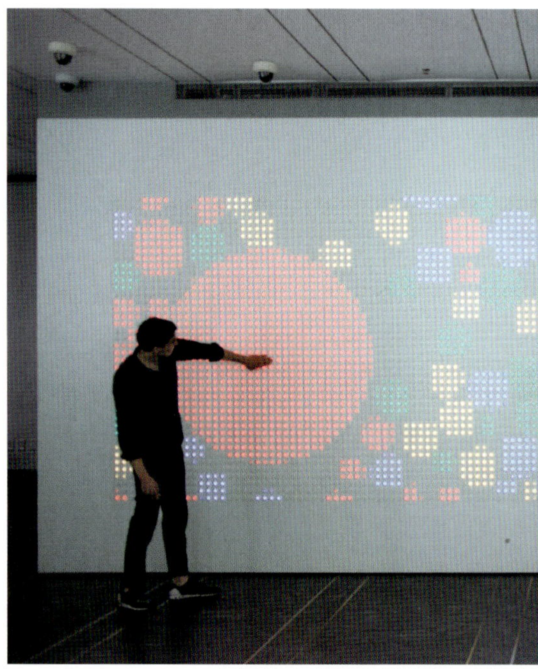

ANYPIXEL.JS Google propose aux développeurs de s'amuser en offrant un système clé en main, totalement gratuit, permettant de créer soi-même des installations murales géantes et tactiles.

utilisateur peut acquérir le code ainsi que les schémas qui lui permettront de créer son propre affichage à l'échelle qu'il aura choisie.
Le premier système d'affichage utilisant cette technique est situé dans le hall du bureau de Google sur la 8e Avenue, à New York. Pour créer cette installation, les techniciens ont utilisé 5880 ampoules LED, associant chaque ampoule à un pixel : il est alors très simple de construire un écran de n'importe quelle taille où chaque pixel est un élément interactif.

PAYS : ÉTATS-UNIS
CONCEPTEUR(S) : TACTUS TECHNOLOGY
TARIF : NC
DATE DE LANCEMENT : NC

TACTUS MORPHING TOUCH-SCREEN
La start-up Tactus propose une technologie étonnante qui permet de créer des touches en relief « à la volée » sur la surface plane d'un écran.

L'ÉCRAN TACTILE « MORPHING »

Voici venu le temps des « tixels », les pixels tactiles ! L'idée est de créer un relief « à la demande » sur les écrans digitaux afin de simuler la présence de touches. Ces reliefs peuvent prendre la forme souhaitée par les développeurs, comme un joypad de console de jeux, ou un clavier d'ordinateur. Une fois activé, le « tixel » change de texture pour devenir rugueux, ce qui permet au doigt de ne pas glisser. Au centre de cette technologie, un liquide électromagnétique emprisonné entre deux couches transparentes, sous l'écran. Ce liquide modifie son volume pixel par pixel, rendant la surface de l'écran alternativement lisse ou bombée.

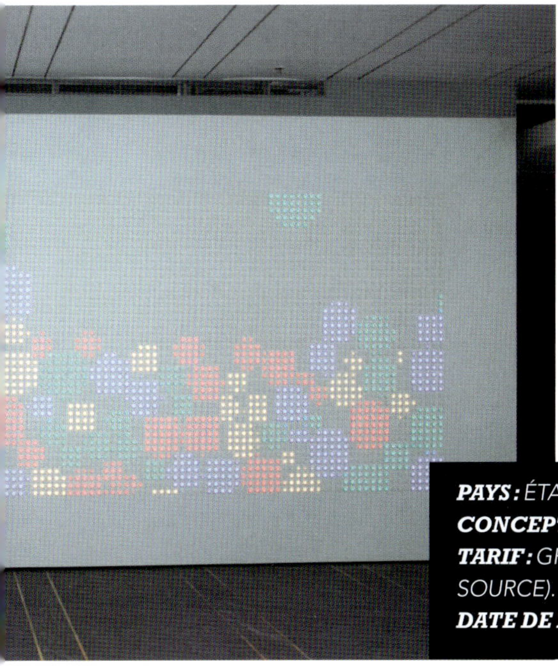

PAYS : ÉTATS-UNIS
CONCEPTEUR(S) : GOOGLE
TARIF : GRATUIT (OPEN SOURCE).
DATE DE LANCEMENT : 2016

ÉCRIRE

Les designers et les ingénieurs réinventent les accessoires pour écrire avec autant de créativité et d'enthousiasme que d'autres activités digitales plus coutumières de la « disruptivité technologique ». Pour preuve, cette incroyable machine à papier, ce crayon intelligent ou cette imprimante de poche...

FABRIQUER SON PAPIER

Imaginez-vous au bureau en train de placer vos piles de feuilles de papier usagées dans un tiroir, au centre de ce qui ressemble à un imposant copieur. Quelques minutes plus tard, la première feuille ressort à l'autre extrémité de la machine, d'un blanc immaculé, comme neuve. Progressivement c'est la ramette de papier entière qui est recyclée devant vos yeux ! L'amortissement de la machine se réalise sur plusieurs années et nécessite un volume de papier à recycler très important, ce qui n'enlève rien à la prouesse technologique d'Epson, mais la destine plutôt aux administrations et aux entreprises.

LA PAPERLAB D'EPSON
D'après Epson, la machine peut fabriquer 14 feuilles A4 à la minute, soit en théorie, 6 720 feuilles dans une journée de huit heures.

PAYS : JAPON
CONCEPTEUR(S) : EPSON
TARIF : NC
DATE DE LANCEMENT : 2016

LE STYLO INTELLIGENT

Après les montres intelligentes, c'est au tour du stylo d'être réinventé. Muni globalement des mêmes fonctions que la « smart watch » (écran de relais du smartphone), le « smart pen » permet

UNE « ENCRE » LASER
Le capteur OTM à la pointe du stylo remplace l'encre. C'est un système de mesure laser qui enregistre le mouvement relatif des mains pendant l'écriture et le retransmet à un smartphone ou un ordinateur.

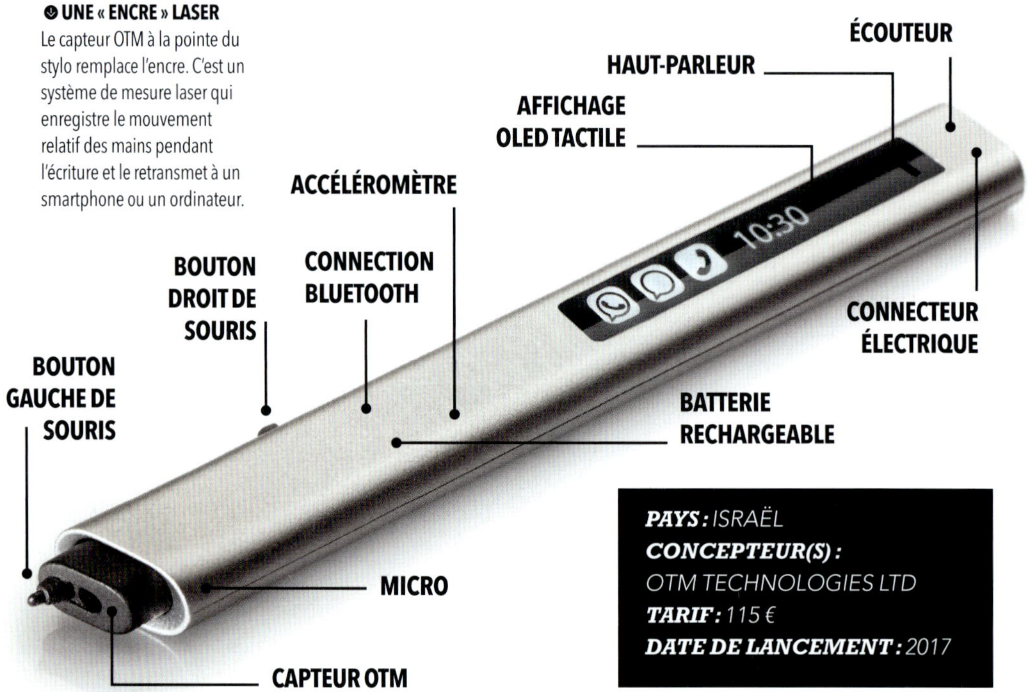

PAYS : ISRAËL
CONCEPTEUR(S) :
OTM TECHNOLOGIES LTD
TARIF : 115 €
DATE DE LANCEMENT : 2017

PAYS : ISRAËL
CONCEPTEUR(S) : ZUTA LABS
TARIF : 270 € ET 18 € D'ENCRE POUR 100 PAGES IMPRIMÉES
DATE DE LANCEMENT : 2016

LA « MINI ROBOTIC PRINTER » Avec seulement 10 cm de hauteur, 11,5 cm de diamètre et un poids de 300 g, cette imprimante de poche unique sur le marché se déplace méthodiquement sur la surface à imprimer, ligne par ligne.

de remplacer un clavier d'ordinateur ou une souris et de pouvoir dessiner en s'appuyant sur n'importe quelle surface. Mais ne vous avisez pas de tenter de signer un document, le stylo du futur n'a pas d'encre…

LA PLUS PETITE IMPRIMANTE DU MONDE

En rendez-vous professionnel, ou lors d'une démarche administrative, qui n'a pas rêvé de pouvoir sortir une feuille imprimée de son ordinateur ? Grâce à cette imprimante de poche capable d'imprimer une feuille A4 en noir et blanc en moins d'une minute, votre mobilité sera totale ! Pour la contrôler, il vous faudra simplement un smartphone ou un ordinateur. Et rien ne vous empêchera d'imprimer sur d'autres surfaces plus exotiques comme des cartons, des enveloppes… ou des posters géants de la taille d'un mur !

DES ROBOTS ÉTONNANTS

Les robots seront de plus en plus présents dans les prochaines années, et tout particulièrement dans des domaines ou des tâches où on ne les attend pas ! Voici de quoi vous étonner : un robot portraitiste, un robot domestique empathique...

PAYS : *CHINE*
CONCEPTEUR(S) :
WOOSIYUAN TELECOM
TARIF : *NC*
DATE DE LANCEMENT : *2016*

LE ROBOT « A-TIE » mesure 80 cm de haut et pèse 15 kg, soit l'allure d'un enfant de 3 ans. Il est programmé grâce à une application de téléphone mobile. L'objectif visé par les autorités chinoises est d'aider les maisons de retraites à économiser sur les ressources humaines tout en améliorant les soins. À terme, ces robots pourraient apporter une solution à la prise en charge de centaines de millions de personnes âgées.

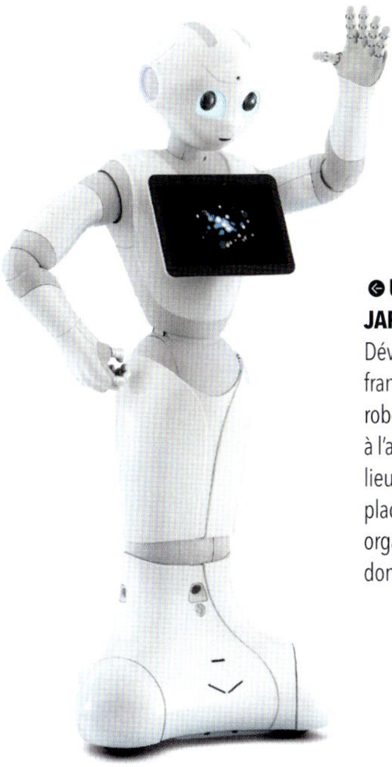

UN ROBOT FRANCO-JAPONAIS
Développé par la société franco-japonaise Aldebaran, ce robot humanoïde est destiné à l'accueil des clients dans les lieux publics ou à prendre place au sein d'une organisation familiale domestique.

ASSISTER LES PLUS ÂGÉS

Les robots « A-Tie » sont destinés à l'assistance aux personnes âgées. Dans la maison de retraite de Hangzhou, dans la province de Zhejiang à l'est de la Chine, cinq robots « A-Tie » rappellent plusieurs fois par jours à 1 300 résidents quand prendre leurs médicaments, une aide précieuse pour le personnel soignant.
Ils sont aussi utilisés pour faire des appels vidéo, des consultations médicales virtuelles ou plus simplement encore, pour regarder la télévision.

PEPPER, UN ROBOT HUMANOÏDE DOMESTIQUE

Le robot Pepper est conçu pour devenir un véritable compagnon du quotidien, avec pour qualité première, la perception des émotions. C'est même le tout premier robot humanoïde capable de reconnaître les principales émotions humaines et d'adapter son comportement en fonction de l'humeur de son interlocuteur.

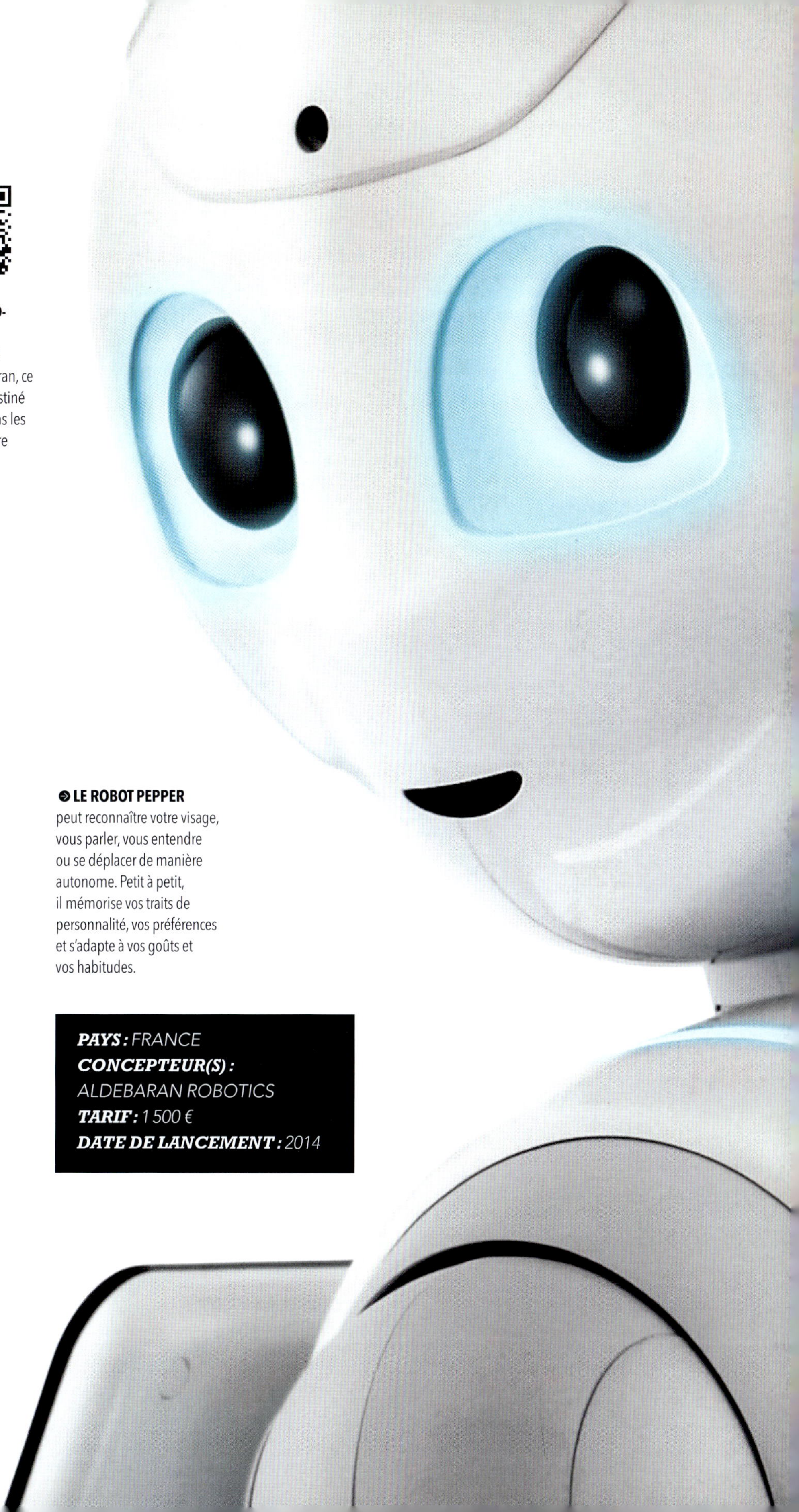

LE ROBOT PEPPER
peut reconnaître votre visage, vous parler, vous entendre ou se déplacer de manière autonome. Petit à petit, il mémorise vos traits de personnalité, vos préférences et s'adapte à vos goûts et vos habitudes.

PAYS : *FRANCE*
CONCEPTEUR(S) : *ALDEBARAN ROBOTICS*
TARIF : *1 500 €*
DATE DE LANCEMENT : *2014*

PAYS : ÉTATS-UNIS
CONCEPTEUR(S) :
UNIVERSITÉ DE STANFORD
TARIF : NC
DATE DE LANCEMENT : 2015

UN MINI-ROBOT QUI TRACTE 2000 FOIS SON POIDS

Des roboticiens de l'Université de Stanford aux États-Unis ont créé un robot digne de Superman ! Mais la force n'est pas la principale caractéristique de uTug, puisqu'il est minuscule et ne pèse que 12 g ! Ce qui ne l'empêchera pas de transporter jusqu'à 24 kg… Cela reviendrait à demander à un être humain de tirer une baleine à bout de bras. Son secret ? Imiter les pattes du lézard gecko munies de ventouses qui lui confèrent une adhérence au sol exceptionnelle, et pouvoir ainsi utiliser des moteurs de traction surpuissants.

➲ LE ROBOT UTUG
L'intérêt de ce micro-robot est de servir de modèle pour fabriquer des robots « grandeur nature ».
Les roboticiens espèrent ainsi mettre au point un robot d'un mètre capable de tirer des charges de plusieurs tonnes !

PAYS : *GRANDE-BRETAGNE*
CONCEPTEUR(S) :
PATRICK TRESSET
TARIF : *NC*
DATE DE LANCEMENT : *2012*

L'ANALYSE D'UN VISAGE
Aussitôt qu'il repère un visage humain, Paul isole en premier lieu les lignes saillantes du visage de la personne. Grâce à son bras articulé, il se saisit d'un crayon standard et commence à dessiner. Il trace ces lignes saillantes sur le papier puis travaille les contrastes et les ombres. En quelques minutes, un portrait particulièrement fidèle à son modèle est terminé.

PAUL, LE ROBOT DESSINATEUR

Imaginez une époque où le plus grand portraitiste existant ne serait pas un homme mais… un robot. Une telle perspective fait partie du domaine du possible depuis que Paul, un robot peintre, travaille dans une grande galerie de Londres. L'Anglais Patrick Tresset, le créateur de ce robot artiste, lui-même artiste et chercheur, expose actuellement le travail de Paul dans la galerie Tenderpixel à Londres. En collaboration avec le Professeur Frederic Leymarie, chercheur au département d'informatique de la Goldsmiths (Université de Londres), Patrick Tresset a entrepris de construire Paul, un robot dessinateur capable d'exécuter les portraits de n'importe quel client de la galerie. Grâce à son œil électronique, Paul « voit » en effet les visages de ses modèles tandis que son bras articulé interprète et dessine en temps réel le visage saisi.

L'ORDINATEUR QUANTIQUE

Une nouvelle génération d'ordinateurs est en train d'émerger : les ordinateurs quantiques. Les plus grands groupes mondiaux (IBM, Google ou Intel) affirment avoir déjà réussi à obtenir des résultats vertigineux grâce à ces machines extraordinaires.

L'ORDINATEUR QUTECH
QuTech, le laboratoire d'informatique quantique de l'Université technologique de Delft (Tu Delft) aux Pays-Bas a établi un partenariat avec le célèbre fabriquant américain Intel pour permettre à ce dernier de développer son propre ordinateur quantique dont on peut voir ci-contre, une première version.

LE Q-BIT

Le système quantique permet d'effectuer un calcul complexe, 100 millions de fois plus vite qu'avec un ordinateur conventionnel. Il repose sur le « bit quantique », ou « qubit » – la plus petite unité de stockage d'information quantique. Contrairement au « bit », qui prend soit la valeur d'un 0, soit la valeur d'un 1, le « qubit » est une combinaison linéaire. Il peut prendre la valeur 0 ou 1, mais aussi les deux ensemble – selon le principe de la superposition d'états quantiques, comme illustré dans l'expérience du chat de Schrödinger, où, tant qu'on n'a pas ouvert la boîte dans laquelle il est enfermé, l'animal peut être à la fois mort et vivant.

L'ACCÈS AUX PREMIÈRES MACHINES

Partenaires dans le domaine des supercalculateurs depuis deux ans, Google et la NASA ont réussi à résoudre un problème en 1 seconde grâce à leur supercalculateur quantique D-Wave, qui aurait nécessité 10 000 ans pour un ordinateur classique. Cette technologie est pour Google un moyen de développer à terme une réelle « intelligence artificielle ». De son côté, IBM vient de donner un accès public à son ordinateur quantique en mode *cloud*: IBM Experience. L'entreprise propose ainsi aux chercheurs et développeurs du monde entier un accès à un ordinateur de 5 Qbit depuis n'importe quelle machine de bureau !

PAYS : *ÉTATS-UNIS*
CONCEPTEUR(S) : *NASA, GOOGLE, IBM*
TARIF : *NC*
DATE DE LANCEMENT : *2016*

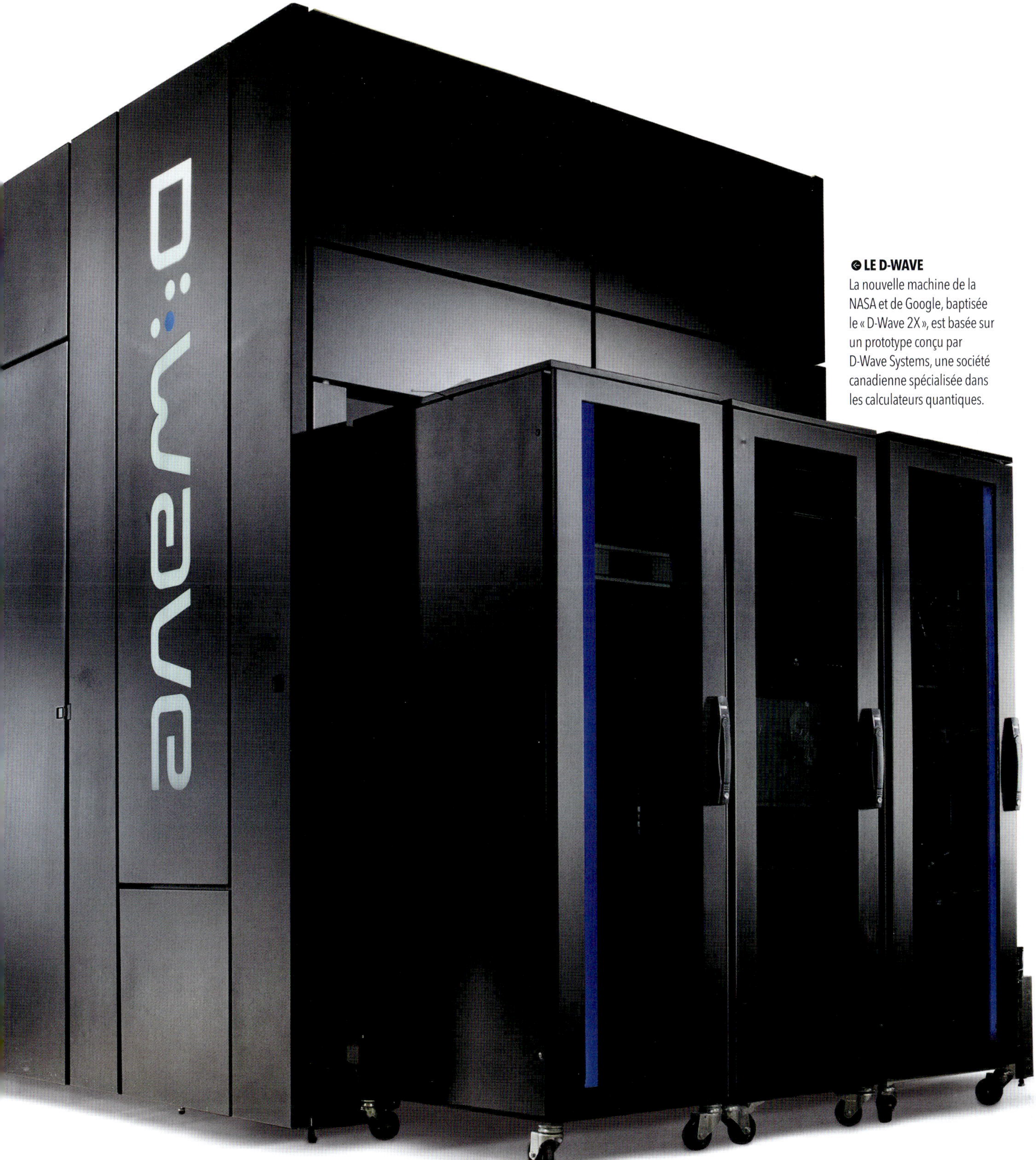

LE D-WAVE
La nouvelle machine de la NASA et de Google, baptisée le « D-Wave 2X », est basée sur un prototype conçu par D-Wave Systems, une société canadienne spécialisée dans les calculateurs quantiques.

LES CAMÉRAS

Que seraient nos écrans et nos dispositifs digitaux les plus perfectionnés sans les appareils de prise de vue capables d'accompagner la révolution technologique digitale ? Bien loin de simplement reproduire fidèlement le réel en haute résolution, ces caméras nous renvoient une réalité magnifiée par la technologie.

PAYS : *ÉTATS-UNIS*
CONCEPTEUR(S) : *LIGHT*
TARIF : *1 900 €*
DATE DE LANCEMENT : *2016*

16 OBJECTIFS POUR UN VISEUR

Le Compact L16 est un appareil photo unique : plus de 16 prises de vues différentes sont captées pour être recomposées en une seule image de 52 méga-pixels ! Pourquoi faire, nous direz-vous ? L'idée géniale des concepteurs est que les réglages différenciés mais complémentaires de ces objectifs permettent de réaliser une photo parfaite en toutes circonstances : profondeur, détails et netteté de l'arrière-plan et du sujet central, etc. En associant plusieurs focales optiques et filtres, l'image devient aussi impeccable qu'une vision humaine.

Révolutionnaire !

UN CANON À 250 MÉGA-PIXELS
Les progrès de la miniaturisation et du traitement du signal photo permettent au nouveau capteur CMOS APS-H de Canon de produire 1,25 milliard de pixels par seconde, soit 5 images de 250 méga-pixels !

LA PLUS HAUTE RÉSOLUTION PHOTO

Cet appareil conçu par Canon au Japon, permet en théorie de zoomer sur le hublot d'un avion de ligne depuis le sol à 11 km de distance, soit 30 fois la résolution 4K d'un smartphone !

PAYS : *JAPON*
CONCEPTEUR(S) : *CANON*
TARIF : *NC*
DATE DE LANCEMENT : *NC*

LE COMPACT L16
L'appareil photo à 16 objectifs permet plusieurs lentilles et expositions déclenchées au même instant. Les différentes focales optiques sont « fixes » et non extrapolées artificiellement par un ordinateur. Le résultat sur les lumières faibles et la profondeur de champ est inédit, quel que soit le niveau technique du photographe…

LA CAMÉRA LYTRO
Elle peut être posée dans n'importe quel environnement et retransmettre la réalité du lieu par un casque d'immersion ou un écran digital. Première caméra vidéo à filmer en 6 axes, elle se destine aux vidéastes professionnels.

PAYS : *ÉTATS-UNIS*
CONCEPTEUR(S) : *LYTRO INC*
TARIF : *10 000 €*
DATE DE LANCEMENT : *2017*

FILMER EN TOTALE IMMERSION, EN ULTRA-HAUTE DÉFINITION

Alors que la plupart des caméras vidéo se contentent de filmer à 360° en plus ou moins haute résolution, la caméra Lytro n'apporte pas plus de pixels, mais plus d'informations : les objectifs de la caméra captent non pas 4 mais 6 axes (haut, bas, droite, gauche et la profondeur intérieure et extérieure). L'immersion est totale avec une qualité cinématographique…

CAPTER DES OBJETS À 360°

Foldio n'est pas un appareil photo mais une plateforme tournante qui contrôle l'objectif de votre smartphone. Par le biais d'une application dédiée, n'importe quel téléphone devient une caméra à 360° ! Cela fonctionne pour un objet de valeur, un animal domestique… Aussi étonnant qu'efficace !

LE FOLDIO 360
Foldio est une boîte à lumière, dotée d'un plateau rotatif. L'application permet de photographier sous toutes les coutures n'importe quel objet de moins de 5 kg.

PAYS : *ÉTATS-UNIS*
CONCEPTEUR(S) : *FOLDIO*
TARIF : *130 €*
DATE DE LANCEMENT : *2016*

HABITAT

Plongeons à présent dans les nouvelles constellations de ces objets qui vont révolutionner notre habitat. Vous allez être stupéfaits par la richesse de ce que vous allez découvrir et qui va changer pour toujours votre intérieur.

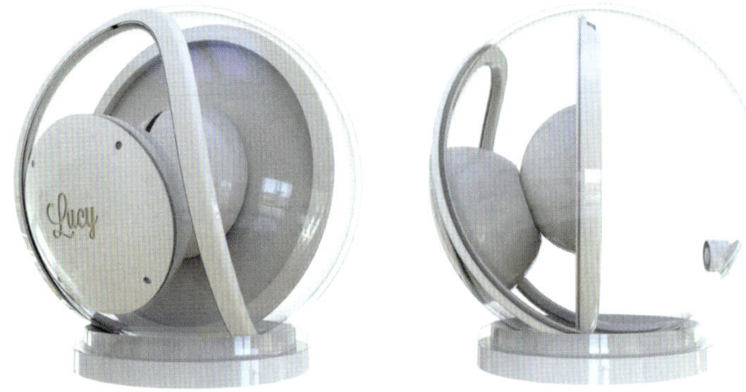

LUCY
La start-up Solenica affirme que le travail de Lucy, véritable « Prométhée de l'ère numérique », équivaut en intensité lumineuse à 200 lampes halogènes de 50 watts chacune.

PAYS : ÉTATS-UNIS
CONCEPTEUR(S) : SOLENICA
TARIF : 200 €
DATE DE LANCEMENT : 2017

UN SOLEIL D'INTÉRIEUR

Et s'il vous était possible de jouir à domicile du soleil depuis son apparition le matin jusqu'au moment où il disparaît, le soir, derrière l'horizon ? Ce rêve est désormais possible : le robot Lucy volera pour vous la lumière du soleil et la fera briller toute la journée dans votre maison ou dans votre appartement. Cet étonnant robot imaginé par la start-up Solenica piège en effet les rayons du soleil avant de les réfléchir vers les lieux les plus obscurs de la maison.

LES RACINES DU CIEL

On sait que les arbres tirent leur vitalité de leurs racines enfouies dans le sol. Or, des ingénieurs japonais viennent de créer un bonsaï dont les « racines du ciel » lui permettent de flotter dans l'air comme par magie. Ce bonsaï volant se compose de deux parties : une « base énergétique » qui contient un aimant et, au-dessus, une partie flottante qui contient également un aimant grâce auquel le bonsaï peut flotter.

AIR BONSAÏ
Grâce à la force répulsive de deux aimants placés l'un au-dessus de l'autre, le bonsaï – dont les racines sont placées dans un petit sac de terre – flotte comme par magie.

PAYS : JAPON
CONCEPTEUR(S) : HOSHINCHU
TARIF : 180 €
DATE DE LANCEMENT : 2016

UN PLACARD-DRESSING QUI LAVE, SÈCHE ET REPASSE

Voici une machine domestique unique en son genre : une armoire conçue pour sécher et repasser le linge sans produits chimiques. En effet, grâce à une pompe à chaleur qui engendre de la vapeur à haute température, votre linge sera lavé en moins d'une heure avant d'être parfumé et prêt à être porté. Une innovation étonnante qui montre que la technologie est désormais capable de miniaturiser pour la maison des technologies qui n'étaient auparavant envisageables que dans un environnement industriel.

LG STYLER

Grâce à une technologie de vapeur à très haute pression et à une pompe à chaleur innovante, ce placard dressing pourrait remettre en cause l'existence des fers à repasser et des machines à laver.

PAYS : *CORÉE DU SUD*
CONCEPTEUR(S) :
LG ELECTRONICS
TARIF : *1 800 €*
DATE DE LANCEMENT : *2016*

JELLYFISH AQUARIUM
L'aquarium nécessite un soin particulier : l'eau qu'il contient doit être maintenue à une température d'environ 30 degrés tandis que des courants continus agitent l'espace occupé par les méduses.

DES EXTRATERRESTRES DANS VOTRE AQUARIUM

Et si un troupeau de méduses venait remplacer vos poissons rouges habituels ? De manière inattendue, ces créatures gélatineuses sont en passe de devenir l'animal marin préféré dans les foyers américains et britanniques. Pour un prix modique, on peut créer chez soi un décor original et exotique en éclairant l'aquarium avec des LED dont la couleur se modifie et transforme les méduses en créatures étranges qui semblent venues tout droit d'une autre planète.

PAYS : *GRANDE-BRETAGNE*
CONCEPTEUR(S) : *REEF EDEN*
TARIF : *150 € PAR AQUARIUM ET 100 € PAR MÉDUSE*
DATE DE LANCEMENT : *2016*

PAYS : ÉTATS-UNIS
CONCEPTEUR(S) : EVAPOLAR
TARIF : 150 €
DATE DE LANCEMENT : 2016

EVAPOLAR
Ce cube peut refroidir activement l'air d'une pièce pendant au moins six à huit heures. De l'eau alimente la tablette de refroidissement qui fonctionne grâce à l'évaporation d'un nanomatériau à base de fibres minérales. Aucune installation préalable n'est nécessaire.

SIGNIFY
« Économisez l'eau,économisez de l'argent et économisez le monde » : telle est la devise qui accompagne ce robinet intelligent appelé Signify, qui vous aide à réduire votre consommation au strict minimum.

PAYS : GRANDE-BRETAGNE
CONCEPTEUR(S) : ANTHONY WESTON (SIGNIFY)
TARIF : 150 €
DATE DE LANCEMENT : 2016

UN CLIMATISEUR DE POCHE

Qui n'a jamais rêvé, par temps de grosse chaleur, de disposer d'un système portatif qui permettrait de diffuser l'air frais dans une pièce ? Un tel dispositif existe bel et bien : il s'agit de « l'Evapolar », un petit appareil étonnant en forme de cube d'à peine 16 cm de côté. Aussi lisse que l'air, cette machine facilement transportable est capable de refroidir presque instantanément n'importe quelle pièce. Il suffit de la placer dans un angle et quelques minutes plus tard, miracle : la température a baissé de quelques degrés.

UN ROBINET INTELLIGENT

Savez-vous qu'une seule personne utilise plus de 200 litres d'eau par jour alors que seulement 50 litres sont vraiment utiles ? Comment contrôler efficacement les quantités d'eau consommées ? Tout simplement en faisant appel à un robinet « intelligent ». Grâce à un tel dispositif, vous serez conseillé en temps réel pour vous aider à réduire votre consommation.

CUISINE & ALIMENTS

L'alimentation tient une place centrale dans notre quotidien. Or, les merveilles technologiques envahissent les cuisines! Partons donc à la découverte des imprimantes à aliments, des robots cuisiniers ou du scanner de poche qui détermine la valeur nutritive d'une assiette…

UN ROBOT CHEF-CUISINIER

Vous ne rêvez pas ! Dans une cuisine high-tech, deux bras vont et viennent à toute vitesse au-dessus des plaques chauffantes. À qui appartiennent-ils ? À un robot ! Moley Robotics vient de créer la première cuisine robotisée du monde. Vous voulez une omelette ? Fournissez au robot les ingrédients. Alors, avec précision, les bras se mettent au travail. Cassent les œufs. Mélangent le tout. Ajoutent du sel et du poivre. Trois minutes plus tard, votre omelette est dorée à point !

Mis en vente vers 2018, il vous en coûtera 12 000 euros pour acquérir une cuisine complète, avec four, plaques de cuisson et bien sûr… le robot chef !

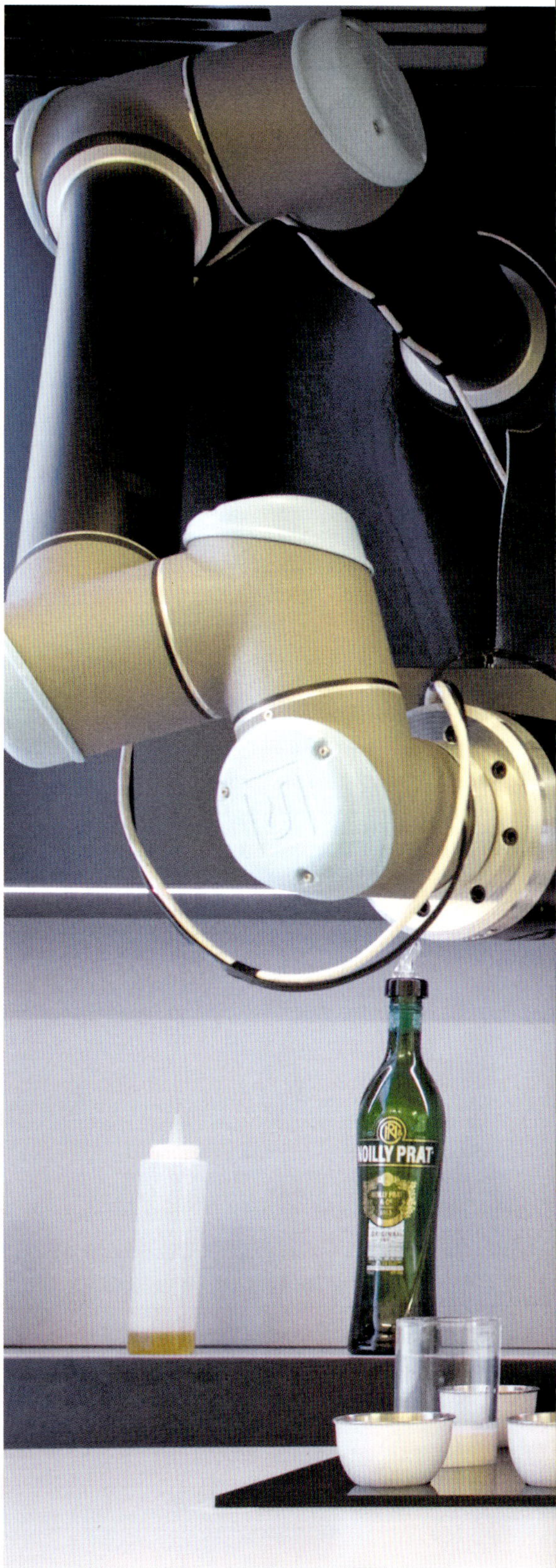

COMMANDER UN REPAS
Il suffit de commander une recette au robot chef grâce à un smartphone ou à son écran tactile. Entièrement autonome, il prendra en charge le repas de A à Z.

MÉMOIRE DES GESTES
Un grand chef cuisinier peut apprendre au robot comment réaliser un plat. Le robot enregistre les gestes du cuisinier muni de gants spéciaux grâce à une caméra 3D motion capture.

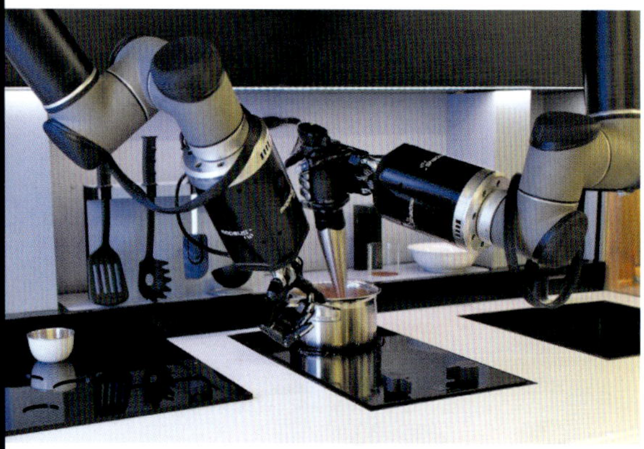

PAYS : GRANDE-BRETAGNE
CONCEPTEUR(S) :
MARK OLEYNIK
TARIF : 12 000 €
DATE DE LANCEMENT : 2017

RESTAURANTS ROBOTISÉS
Ces restaurants extraordinaires se développent rapidement en Chine. Il en existe déjà un second dans la province de Heilongjiang, spécialisé dans les pâtes.

DES DROÏDES RESTAURATEURS

Vous voilà en Chine, dans la province du Jiangsu, où se trouve un restaurant dans lequel vous êtes accueilli poliment par des robots ! Ces droïdes habillés en blanc et rouge parlent (ils connaissent 40 phrases différentes) et vous conduisent à votre table. Ils prennent ensuite votre commande et quelques minutes plus tard, vous apportent docilement les plats souhaités !

YURA, LE DRONE BARMAN

Vous rentrez du travail et vous avez envie d'un bon café ou de votre cocktail préféré ? Laissez-vous aller dans votre fauteuil et attendez quelques minutes. Soudain, un bruit d'hélice se fait entendre. Surgit alors de la cuisine un drone qui vole vers vous avec votre boisson favorite.

PAYS : CHINE
CONCEPTEUR(S) : SONG YUGANG
TARIF : 4 800 € LE ROBOT
DATE DE LANCEMENT : 2016

LE DRONE YURA
Le drone comporte un compartiment qui peut être rempli avec la boisson souhaitée. Il peut la chauffer à votre convenance, remplir une tasse et l'instant d'après, il vole vers vous !

PAYS : *SUÈDE*
CONCEPTEUR(S) : *HERMAN HAYDIN*
TARIF : *NC*
DATE DE LANCEMENT : *2015*

BORIS
Les chercheurs de l'Université de Birmingham affirment que le robot est tellement adroit qu'il peut faire la vaisselle sans casser une seule assiette.

PAYS : *GRANDE-BRETAGNE*
CONCEPTEUR(S) : *UNIVERSITÉ DE BIRMINGHAM*
TARIF : *NC*
DATE DE LANCEMENT : *2016*

Le nom de cette petite merveille ? Yura ! Il a été mis au point par un étudiant de l'Université de Kiev, Herman Haydin. Doté d'une intelligence artificielle puissante, il reçoit par Wifi la commande que vous passez sur votre smartphone. Il devrait être mis sur le marché en 2017.

LE ROBOT BORIS FAIT LA VAISSELLE

Au Festival de la Science qui a eu lieu en septembre 2016 en Grande-Bretagne, un nouveau robot appelé Boris a fait sensation. Il est le seul au monde à pouvoir prendre en main délicatement n'importe quel objet, sans le casser ou sans le laisser tomber. Il peut, par exemple, se saisir d'une tasse par son anse ou encore craquer une allumette après l'avoir sortie de sa boîte. Un exploit !

IMPRIMER UN PLAT COMPLET

Il est midi. Vous allez vers votre imprimante. Pour sortir un document ? Non. Pour « imprimer » en 3D le petit plat que vous allez déguster aujourd'hui ! Car votre imprimante, mise au point par la firme allemande Biozoon, imprime… de la nourriture. À l'arrière de l'imprimante se trouvent des bacs que vous remplissez de poudres d'asperges et de poulet. La machine vibre puis fait glisser vers vous une assiette contenant quoi ? Un blanc de poulet aux asperges ! Votre imprimante, à partir d'une recette secrète, peut recomposer plus de cinquante aliments, servis chauds, sous leur forme d'origine. Bon appétit !

PAYS : ALLEMAGNE
CONCEPTEUR(S) : BIOZOON GMBH
TARIF : NC
DATE DE LANCEMENT : 2016

BIOZOON L'imprimante donne aux aliments les formes souhaitées. Les pommes de terre, les carottes ou autres conservent leur allure naturelle.

IMPRIMER SON PETIT-DÉJEUNER

Et à présent, une deuxième imprimante dans votre cuisine ! Pour imprimer quoi ? Des pancakes ! Les ingrédients (farine, lait, etc.) sont versés d'un côté, et de l'autre, vous retirez votre pancake

LE PANCAKE BOT La plaque d'imprimerie du Pancake Bot comprend un petit ordinateur grâce auquel vous pouvez programmer la forme souhaitée.

PAYS : ÉTATS-UNIS
CONCEPTEUR(S) : STOREBOUND
TARIF : 270 €
DATE DE LANCEMENT : 2015

doré à point. Petit détail : vous pouvez lui donner la forme que vous souhaitez. Vous voilà fin prêt pour participer au fameux Pancake Day célébré chaque année avec ferveur par les amateurs américains !

L'IMPRIMANTE À CHOCOLAT ET À SUCRERIES

Et de trois ! Si enfin vous voulez exprimer vos incomparables talents de sculpteur dans le façonnage des barres de chocolat, n'hésitez plus : choisissez une CocoJet (ou imprimante 3D à jet… de chocolat !). Elle vous permet d'imprimer des formes géométriques d'une étonnante complexité. Mettez du sucre et du chocolat dans votre CocoJet et elle vous sortira des figures géométriques en volume à faire pâlir les meilleurs physiciens experts en théorie des cordes et membranes !

STRUCTURE 3D EN CHOCOLAT
Un magnifique hypercube 3D en chocolat.

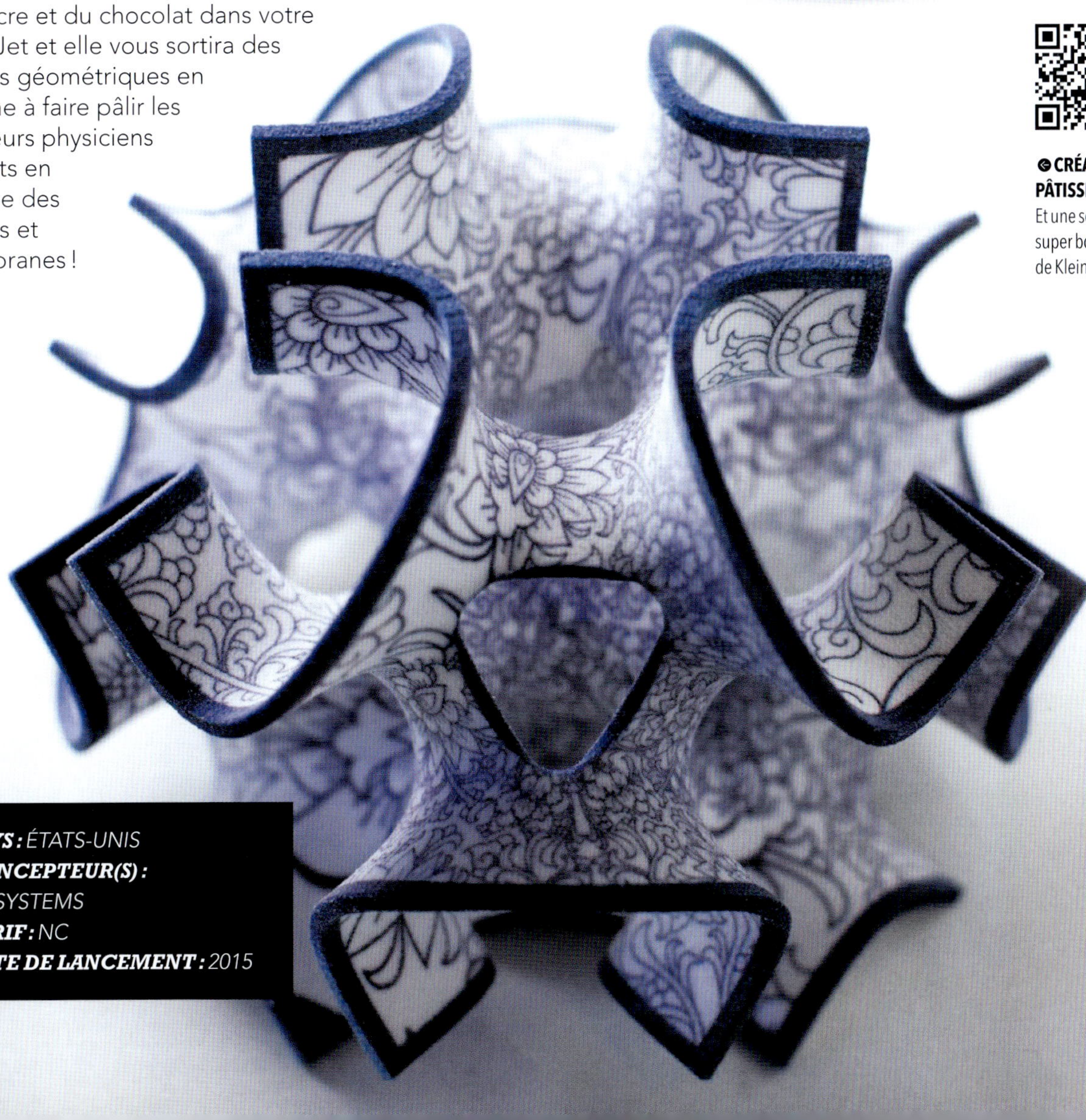

CRÉATIVITÉ PÂTISSIÈRE
Et une sorte de super bouteille de Klein en sucre.

PAYS : *ÉTATS-UNIS*
CONCEPTEUR(S) :
3D SYSTEMS
TARIF : *NC*
DATE DE LANCEMENT : *2015*

LE GROUNDFRIDGE
Il n'y a pas plus écologique que le Groundfridge. Il est refroidi à 10 degrés par un circuit d'eau et ne consomme aucune énergie.

UN RÉFRIGÉRATEUR SANS ÉLECTRICITÉ

Vous voulez un frigo qui n'utilise pas d'électricité et ne tombe jamais en panne ? Tournez-vous sans hésiter vers le Groundfridge ! Conçu par la firme néerlandaise Veltervree, ce réfrigérateur résolument écologique n'est autre qu'un gros caisson étanche de plusieurs mètres cubes que l'on va simplement enfoncer à trois mètres sous terre. À cette profondeur, il fait toujours frais, autour de 10 degrés. Une petite faim pour un fruit, un légume ou du fromage ? Descendez le chercher à la cave !

DES « FRIGOS BULLES » POUR CHAQUE ALIMENT

Si vous préférez la voie des airs pour conserver vos fruits et légumes, alors Electrolux a ce qu'il vous faut ! Votre futur réfrigérateur flottera dans les airs comme une grosse bulle de savon. Plus exactement, plusieurs bulles dotées de systèmes de refroidissement miniaturisés. Dans l'une d'elles, vous mettrez vos oranges, dans l'autre votre bouteille de lait et dans la troisième vos fromages préférés. Comment flottent-elles ? Grâce à une source électromagnétique fixée au plafond.

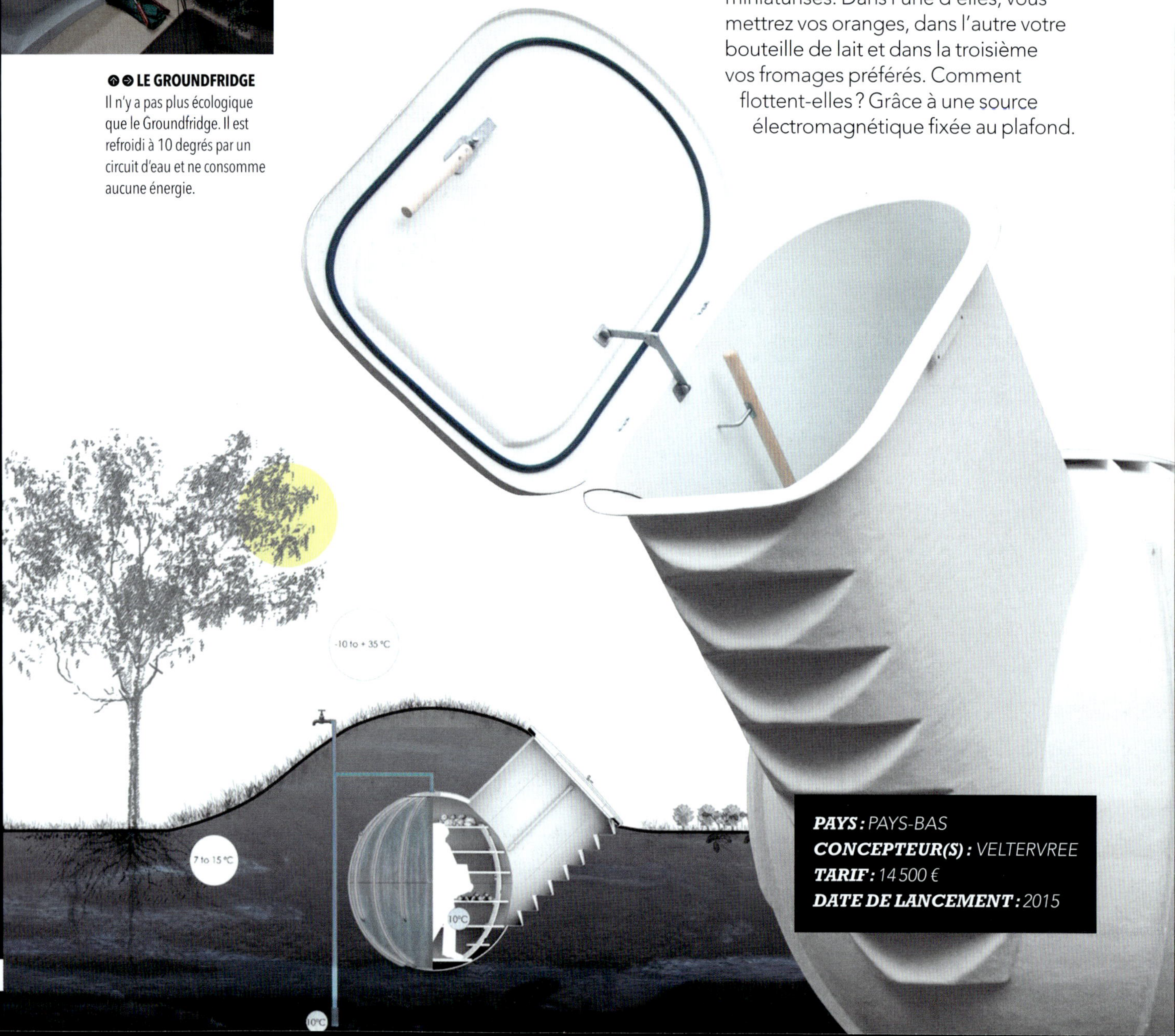

PAYS : *PAYS-BAS*
CONCEPTEUR(S) : *VELTERVREE*
TARIF : *14 500 €*
DATE DE LANCEMENT : *2015*

➲ U-BUBBLE
Par un étrange ballet, ces bulles peuvent mollement circuler d'une main à l'autre. L'ensemble des bulles est contrôlé par votre smartphone.

PAYS : *GRANDE BRETAGNE*
CONCEPTEUR(S) :
RADHIKA SETH
TARIF : *NC*
DATE DE LANCEMENT : *NC*

De plus, elles fonctionnent comme des écrans interactifs, ce qui permet d'accéder à toutes les informations utiles (par exemple les dates de fraîcheur). Vous pouvez contrôler chaque bulle en utilisant une application spéciale ou la reconnaissance vocale, ce qui signifie que vous pouvez accéder à tout ce que contiennent vos « frigos bulles » confortablement assis dans votre salon. Elles se rechargent automatiquement par une simple connexion sans fil avec un chargeur. Une vraie idée de science-fiction, qui nous embarque d'un seul coup dans le futur.

PAYS : *GRANDE-BRETAGNE*
CONCEPTEUR(S) :
SMARTER APPLICATIONS LTD
TARIF : *NC*
DATE DE LANCEMENT : *2016*

L'ŒIL DE MOSCOU DANS VOTRE FRIGO

Cette caméra connectée prendra place dans votre réfrigérateur. Elle est conçue pour prendre une photo chaque fois que la porte de votre réfrigérateur est ouverte, donnant ainsi une idée précise des aliments qui entrent et sortent. Sa présence devient encore plus précieuse lorsque devant les étals du supermarché, vous vérifiez en temps réel s'il reste du lait ou si votre conjoint au régime a décidé de se lancer dans un cinquième repas nocturne…

➲ LA SMARTER FRIDGE CAM
Vous visualisez en permanence l'intérieur du réfrigérateur depuis votre smartphone. Et des tapis connectés posés sur les étagères de la porte, mesurent ce qui reste dans les bouteilles…

LE FOUR SOLAIRE

Il fait beau, vous êtes en bonne compagnie et une table pleine de nourriture attend les grillades. Mais lorsque votre barbecue extérieur n'a plus de charbon, comment faire? Gosun a la réponse. De quoi s'agit-il? D'un four extérieur – en fait un four de poche – qui peut cuisiner un repas en seulement 10 minutes en n'utilisant rien d'autre que les rayons du soleil. Vous pouvez y cuisiner des saucisses, de la viande, toutes sortes de légumes, des fruits de mer, etc. Le four Gosun absorbe la chaleur du soleil et peut atteindre des températures supérieures à 300 °C.

GOSUN
Il suffit de déployer les miroirs solaires pour faire frire en quelques minutes vos cuisses de poulet et vos oignons.

PAYS : *ÉTATS-UNIS*
CONCEPTEUR(S) : *PATRICK SHERWIN*
TARIF : *250 €*
DATE DE LANCEMENT : *2016*

UN VERRE D'EAU QUI SIMULE LE GOÛT

Le goût résulte de la combinaison entre le parfum et la saveur. Or, la langue ne perçoit que quatre sensations (sucré, amer, acide, salé). Mais le nez, lui, a une palette bien plus large : c'est lui qui « donne le goût » aux choses. Voilà pourquoi avec

RIGHT CUP
Ces quatre verres vous donneront l'impression de boire tour à tour un jus de fraise, de kiwi, d'orange et de framboise.

PAYS : *ÉTATS-UNIS*
CONCEPTEUR(S) : *ISAAC LAVI*
TARIF : *25 €*
DATE DE LANCEMENT : *2016*

PAYS : ÉTATS-UNIS
CONCEPTEUR(S) : DOMINO
TARIF : NC
DATE DE LANCEMENT : 2017

LE ROBOT DOMINO
Il peut contenir jusqu'à 10 pizzas dans un compartiment chauffé que chaque client déverrouille avec un code unique. Une fois, la livraison effectuée, il file sans demander son reste.

les verres Right Cup, vous aurez l'impression de boire un jus d'orange alors que vous n'avalez que de l'eau. Chacun de ces verres comporte un parfum que vous absorbez par le nez – par exemple du chocolat – tandis que votre langue touche un nappage au goût sucré. Résultat : vous ne buvez que de l'eau, mais vous avez l'impression de déguster un chocolat viennois !

LE ROBOT LIVREUR DE PIZZA

Une première mondiale ! Grâce au groupe australien Domino, voilà que la pizza que vous avez commandée à la pizzeria voisine va vous être livrée par un robot ! Du haut de son petit mètre, le coursier de métal déboule à toute vitesse dans les rues et, selon ses concepteurs, a la tête dure et une « personnalité effrontée ». À mi-chemin entre R2D2 et une voiture d'enfant, il peut voyager sur les routes et les trottoirs, et il est muni d'un capteur spécial pour détecter les obstacles tels que les voitures, les lampadaires… ou les simples curieux !

LE SCIO DE DIETSENSOR
Pas plus gros qu'un mini-smartphone, le SCiO vient d'être mis sur le marché en 2016. Doté d'un logiciel puissant, il est déjà capable d'identifier plus de 600 composés alimentaires.

UN SCANNER ALIMENTAIRE

Vous voulez faire un régime et avoir un meilleur contrôle de votre alimentation ? Un appareil génial qui va voler à votre secours : le scanner SCiO de Dietsensor. Ce petit boîtier est capable de scanner – par spectroscopie, s'il vous plaît ! – la composition de n'importe quel aliment ou boisson. Un exemple ? Vous l'approchez de votre salé aux lentilles et l'instant d'après, il va afficher sur un écran la composition chimique exacte (sel, sucre, matières grasses, nombre de calories, conservateurs, additifs, etc.) de votre plat. Et vous voilà paré pour éviter tout apport interdit ou, simplement, tout excès.

PAYS : *ÉTATS-UNIS ET FRANCE*
CONCEPTEUR(S) : *CONSUMERPHYSICS ET DIETSENSOR*
TARIF : *300 €*
DATE DE LANCEMENT : *2016*

LE GPS DE SUPERMARCHÉ

Le GPS arrive dans les supermarchés pour vous guider dans les rayons. Mais surtout, lorsque vous approchez d'un rayon, des informations sur les produits ou des promotions s'affichent sur votre smartphone, en fonction de vos goûts. Et finies les files d'attente : le GPS vous indique le magasin où les clients sont les moins nombreux.

PAYS : PAYS-BAS
CONCEPTEUR(S) : PHILIPS
TARIF : NC
DATE DE LANCEMENT : 2016

REPÉRER UN PRODUIT DANS UN RAYON
Le GPS ne vous guide pas seulement à travers les rayons. Il vous prend par la main jusqu'à l'article que vous cherchez.

FAIRE VIEILLIR LE VIN

S'offrir un grand cru à trois euros ? Selon Sonic Decanter, c'est désormais à la portée de tout un chacun. Bien entendu, la promesse de ce laboratoire risque de faire sortir de leurs gonds les propriétaires des grandes appellations : faire vieillir un vin de 20 ans en 20 minutes ! Par quel invraisemblable procédé ? En utilisant des ultrasons. En effet, il apparaît que les hautes fréquences libèrent les arômes tout en atténuant la présence du tanin et des gaz indésirables. Donc, traitez avec soin la bouteille achetée au magasin du coin : c'est un grand cru !

SONIC DECANTER
La vinification par ultrasons a été découverte aux États-Unis et commence à faire son entrée en France. Le procédé est contrôlé par votre smartphone et permet même de restaurer la saveur canonique d'un vin « bouchonné ».

PAYS : ÉTATS-UNIS
CONCEPTEUR(S) : DIONYSUS TECHNOLOGY CONCEPTS INC
TARIF : 225 €
DATE DE LANCEMENT : 2016

MUSIQUE & SON

Dans le bruissement de la modernité s'élèvent des sons nouveaux. Des harmonies naissantes. Des musiques venues d'ailleurs. Ces ultra-notes sont portées par des instruments inouïs. En voici quelques-uns des plus fascinants, pour réenchanter le monde.

PAYS : ÉTATS-UNIS
CONCEPTEUR(S) : V. ZALCBERG ET E. GOLDEMBERG
TARIF : NC
DATE DE LANCEMENT : 2015

UN VIOLON DE VIRTUOSE IMPRIMÉ EN 3D
Cet extraordinaire instrument a fait sensation au grand show du design 3D qui a eu lieu à New York en avril 2016. Vous en voulez un ? Les studios Monad seront heureux de fabriquer pour vous exactement le même.

BATBAND
Le bandeau est relié par Bluetooth à votre smartphone. Muni d'un micro, il vous permet de répondre ou de passer des appels.

PAYS : GRANDE-BRETAGNE
CONCEPTEUR(S) : STUDIO BANANA THINGS
TARIF : 180 €
DATE DE LANCEMENT : 2016

TEO TRONICO
Il a été fabriqué en Italie par le roboticien Matteo Suzzi. Son secret ? Il lit directement – et à toute vitesse – les notes qui sont numérisées. Sans fausses notes, bien entendu.

TEO, LE ROBOT PIANISTE

Ce robot n'a pas seulement du bagout et une bouille sympathique : c'est un artiste ! Un peu mécanique, mais pianiste. Teo peut interpréter du Bach ou du Chopin. Il est ici face au pianiste classique Roberto Prosseda dans le cadre d'une compétition homme-machine qui a eu lieu au Seongnam Arts Center à Séoul, le 16 mai 2016. Victoire au robot, mais seulement pour la rapidité !

LE VIOLON 3D PIEZZOÉLECTRIQUE

Écoutez ! Et surtout, regardez ! Ce violon est unique au monde. D'où vient-il ? D'une imprimante 3D. Eric Goldemberg, des studios Monad et Veronica Zalcberg, ont conçu un instrument radical, le premier « violon piezzoélectrique » à deux cordes. Un design époustouflant et un son presque surnaturel. Le Stradivarius de l'avenir est né !

LE CASQUE CÉRÉBRAL

Un casque sans écouteurs ? Voici Batband ! Il vous suffit de poser ce bandeau sur votre tête et le son arrive directement par conduction osseuse jusqu'à votre oreille interne. Vous pouvez continuer à entendre ce qui se passe autour de vous tout en écoutant vos musiques favorites ou en bavardant au téléphone.

LE MANCHE DE GUITARE JAMSTIK
Ultra-légère et peu encombrante, la Jamstik est destinée aux guitaristes confirmés aussi bien qu'aux débutants.

LE SON VOLUMÉTRIQUE

Avec un encombrement minimal, la nouvelle HiddenHUB est en mesure d'apporter une capacité unique d'adaptation du son à la disposition d'une pièce. Conçu pour une utilisation à domicile, l'ensemble est livré avec toute une série d'innovations rarement réunies dans un seul appareil.
Le dispositif en forme de disque peut être monté sur un mur, posé sur une table basse ou même sur une étagère, ce qui offre une grande liberté d'utilisation. Grâce à quatre systèmes indépendants de pilotage audio de 2 pouces, le son, distribué à 360 degrés, est modulé en fonction de l'ergonomie, des dimensions, du mobilier et de l'architecture du lieu dans lequel se trouve le HiddenHUB.

LE MANCHE SANS LA GUITARE

Avec la Jamstik Wireless Smart Guitar vous n'aurez plus besoin d'une guitare pour en jouer. Tout est réalisé numériquement. Créer un vibrato, déformer le son en tirant sur une corde à la façon d'Eric Clapton, tout cela devient un jeu d'enfant avec cet instrument qui est bien plus qu'une guitare et qui se connecte facilement avec toutes les applications de musique.

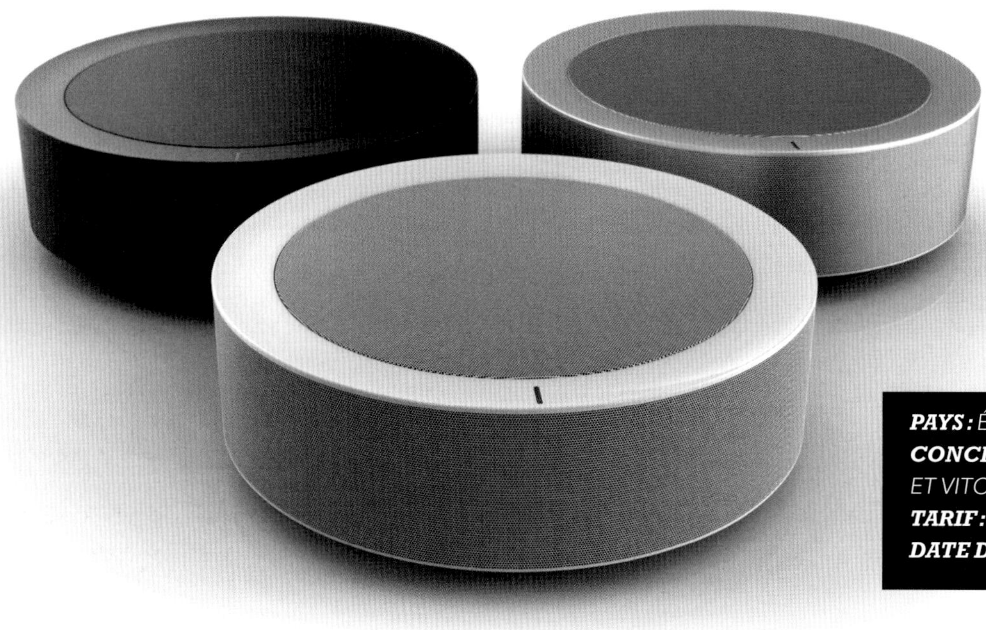

LE HIDDENHUB
Cette enceinte volumétrique miniature enrobe l'utilisateur d'un son à 360 °.

PAYS : *ÉTATS-UNIS*
CONCEPTEUR(S) : *JOHN VDN ET VITOR SANTA MARIA*
TARIF : *300 €*
DATE DE LANCEMENT : *2016*

LES ROBOTS DANSEURS
Pour danser ensemble, ces petits robots sont équipés de micros à ultrasons ainsi que de capteurs infrarouges grâce auxquels ils peuvent détecter la présence d'objets autour d'eux et évaluer leurs positions respectives.

PAYS : JAPON
CONCEPTEUR(S) : MURATA
TARIF : 125 € PAR ROBOT
DATE DE LANCEMENT : 2016

MURATA, LE BALLET DE ROBOTS DANSEURS

Imaginez une équipe de dix petits robots rouge et blanc, bien alignés sur une grande table. Ils sont parfaitement immobiles et vous pouvez admirer à loisir le détail de leur fabrication. Or, tout d'un coup, les voilà qui se mettent à danser tous ensemble et à exécuter des figures magnifiquement synchronisées. Ces incroyables danseurs ont un nom : les robots Murata. Dotés de capteurs infrarouges d'une extrême sensibilité ainsi que de moyens de communication très évolués, ces robots sont capables d'atteindre une stabilité parfaite en mouvement et d'exécuter toutes sortes de danses sophistiquées sans jamais commettre la moindre erreur.

PAYS : ÉTATS-UNIS
CONCEPTEUR(S) : JAMSTIK
TARIF : 125 €
DATE DE LANCEMENT : 2016

ACCESSOIRES DE MODE

T-shirts numériques, chaussures électroniques, les accessoires de mode – les e-accessoires – deviennent des stars. Désormais, leur intelligence arborescente nous lance chaque jour un nouveau défi. Avec ces petites merveilles, préparez-vous à une nouvelle vie.

AIRBLOW
Il existe à ce jour plusieurs prototypes fonctionnels du « parapluie à air ». Ce modèle de petite taille mesure 30 cm de long pour un poids de 500 g, la batterie offrant une autonomie de 15 minutes. Un second modèle de format « classique », mesure 50 cm de long pour un poids de 800 g, avec une batterie de 30 minutes.

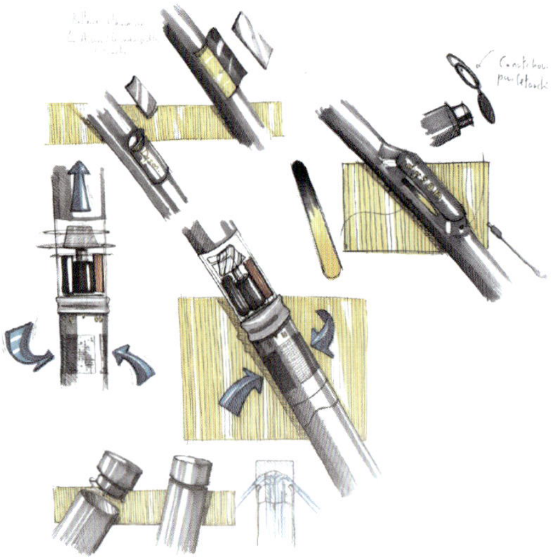

PAYS : *GRANDE-BRETAGNE*
CONCEPTEUR(S) :
QUENTIN DEBAENE
TARIF : *NC*
DATE DE LANCEMENT : *NC*

LE PARAPLUIE À AIR

Le designer français Quentin Debaene a créé un parapluie révolutionnaire d'une légèreté extrême qui offre à ses utilisateurs une protection parfaite contre la pluie. L'Airblow 2050 se compose d'un simple manche : la voilure classique a été totalement supprimée, ce qui permet de résoudre d'un coup tous les problèmes liés aux haubans ainsi qu'au système d'ouverture et de fermeture du parapluie. Le secret de ce parapluie d'un genre tout à fait nouveau repose sur un petit moteur actionnant un ventilateur destiné à faire souffler l'air vers le haut. Dès lors, le flux aérodynamique continu dévie assez loin la trajectoire des gouttes de pluie pour permettre jusqu'à deux utilisateurs situés sous le parapluie de rester au sec. Ces « passagers de la pluie » se trouvent ainsi protégés par une coupole invisible.

LE T-SHIRT THREADSMITH
Le rêve de l'habit toujours blanc, sec et propre est devenu réalité grâce à un textile naturel : la fibre de lotus !

PAYS : *ÉTATS-UNIS*
CONCEPTEUR(S) : *THREADSMITH*
TARIF : *40 €*
DATE DE LANCEMENT : *2016*

« L'HOMME EN BLANC »

Grâce à l'utilisation de nanotechnologies issues de fibres naturelles, les t-shirts ThreadSmith sont révolutionnaires : impossibles à mouiller ni à salir, ils sont constitués de fibres de lotus naturellement hydrophobes. Autrement dit, même si ce t-shirt miraculeux est copieusement arrosé de n'importe quel liquide, il ne sera ni taché, ni froissé, ni même humide !

LA VESTE SÉCHANTE

Grâce à un système de ventilation intégré, la Self-Drying Jacket est une veste étonnante qui se sèche automatiquement en une minute à peine, quelle que soit la quantité de pluie reçue. Si l'aspect de cette veste hors du commun vous semble familier, c'est tout simplement parce qu'elle est directement inspirée de celle que porte Marty McFly dans le film *Retour vers le futur 2*. Deux ventilateurs éjectent de l'air haute pression à l'intérieur du vêtement, qui sèche en 1 min 15.

LA SELF-DRYING JACKET
La batterie invisible dans les coutures de la veste offre 30 minutes sans aucune humidité avant un nouveau cycle de chargement d'une durée d'environ 2 heures.

PAYS : *ÉTATS-UNIS*
CONCEPTEUR(S) : *FALYON*
TARIF : *150 €*
DATE DE LANCEMENT : *2016*

NIKE AIR MAG

Un mécanisme d'enroulement tire sur une bande située au-dessus de la cheville dès que le pied exerce une pression assez forte sur la semelle. Le haut de la chaussure et la languette se resserrent en quelques instants.

PAYS : *ÉTATS-UNIS*
CONCEPTEUR(S) : *TINKER HATFIELD ET TIFFANY BEERS*
TARIF : *180 €*
DATE DE LANCEMENT : *2016*

LES BASKETS DE *RETOUR VERS LE FUTUR*

Directement inspirés par le film *Retour vers le futur*, les designers Tinker Hatfield et Tiffany Beers ont imaginé pour Nike une paire de chaussures de sport révolutionnaires, les HyperAdapt 1.0. Ces baskets d'un nouveau genre embarquent un système propriétaire nommé « adaptive lacing » qui se déclenche lorsque le talon entre en contact avec un capteur placé dans la chaussure et qui permet le laçage automatique de cette dernière. Un bouton est également accessible sur le flanc de la chaussure, permettant ainsi de serrer ou de desserrer les lacets selon la taille du pied.

LA CHAUSSURE DE SPORT UNISEXE ET SANS TAILLE

Inspirée par un tissu japonais appelé Furoshiki, la marque italienne Vibram a créé une chaussure, ou plus précisément une étonnante semelle, que l'utilisateur peut enrouler autour de son pied afin d'obtenir un résultat parfaitement adapté à sa morphologie. Les Furoshiki shoes sont faites d'une matière souple et particulièrement résistante tandis que des bandes velcro permettent d'enrouler et de fixer les deux parties les plus longues de la chaussure autour de votre cheville.

LES CHAUSSURES À ENCRE ÉLECTRONIQUE

Grâce à ces tennis connectées, il vous est possible de modifier les motifs dessinés sur les chaussures. Il sera même possible d'afficher des dessins qui s'animeront pendant que vous marchez. Et plutôt que de changer de chaussures, vous achèterez de nouveaux styles sur Internet…

FUROSHIKI SHOES
Ces baskets révolutionnaires permettent une utilisation très variée : en vacances aussi bien qu'en milieu urbain, elles s'adaptent parfaitement aux surfaces lisses et ne glissent pas sur un sol mouillé.

PAYS : ÉTATS-UNIS
CONCEPTEUR(S) : VIBRAM
TARIF : 160 €
DATE DE LANCEMENT : 2016

LES SHIFTWEAR SNEAKERS sont les premières chaussures connectées personnalisables. Elles se rechargent sans fil ou tout simplement lors de la marche. Elles ont une autonomie de plus de 30 jours.

PAYS : ÉTATS-UNIS
CONCEPTEUR(S) : SHIFTWEAR
TARIF : 150 €
DATE DE LANCEMENT : 2018

Au-delà de sa fonction première (servir d'abri à la vie et aux actions humaines), l'architecture touche à l'imaginaire le plus profond : symboles de la modernité, de la communication, de la science et du XXIe siècle, les constructions de l'avenir évoquent la chrysalide de certains insectes ou, mieux encore, le pas de tir des grandes nefs spatiales. Or, l'architecture du futur est bien plus qu'un élan vers la modernité de l'habitat, du lieu de travail ou de son environnement : la maison, le monument, la tour, etc., sont progressivement débarrassés du poids de la matière pour rejoindre une essence située à la limite des lois physiques. Il s'agit d'alléger, d'épurer, de purifier les matériaux, les formes, les constructions. Enfin libérées du poids des choses, ces tours sans épaisseur qui naissent du rêve des architectes sont désormais réduites à des lignes pures, clarifiées, sublimées : les parois sont en verre, les murs sont lisses, transparents, sans limite, immatériels : ils ne sont plus qu'une lumière traversée. Il s'agit, selon l'expression de Le Corbusier, ce grand rêveur d'avenir, illustre devancier de la ville du futur, de faire en sorte que la tour devienne un élan sans pesanteur vers les hauteurs, qu'elle relie la base et le sommet, c'est-à-dire la terre et le ciel.

C'est bien pour cette raison que la nature joue désormais un rôle majeur dans l'équilibre architectural : si la rue ne se conçoit pas sans arbres, leurs feuilles seront luminescentes et vont éclairer les trottoirs à la place des réverbères. Quant aux fermes, elles seront construites sous terre ou encore miniaturisées dans des containers. Enfin, des imprimantes géantes matérialiseront en quelques instants les murs de ces maisons presque jetables dans lesquelles nous vivrons en éphémères.

Au fond, l'architecture de demain et son environnement se veulent à la fois audacieux et protecteurs : l'humanité y prend ses aises à l'égard des éléments, elle s'y concentre et y élabore la conscience nécessaire de ses pouvoirs, faisant sortir de la science et de la technologie l'idée que les lieux de vie, de travail et de loisirs sont infiniment malléables.

NATURE & ÉNERGIE

Les besoins en électricité vont croître de 75 % dans le monde d'ici à 2020. Et en 2050, 85 % de la population mondiale vivra dans des centres urbains ou périurbains. Où va-t-on trouver cette électricité ? Et à quel prix ? Les inventeurs du XXIe siècle planchent avec succès sur ce challenge écologique.

L'ARBRE LUMINESCENT
De nombreuses start-up développent en ce moment des solutions biosynthétiques pour convertir les arbres urbains en réverbères. La start-up Glowing Plant commercialise même un guide pratique permettant à chacun de réaliser sa propre substance bioluminescente vaporisable sur les plantes.

PAYS : *ÉTATS-UNIS*
CONCEPTEUR(S) : *GLOWING PLANT LLC*
TARIF : *65 €*
DATE DE LANCEMENT : *2015*

L'ARBRE LUMINESCENT

Prodigieux. Il fait nuit noire, il n'y a pas un seul réverbère dans la rue mais pourtant, le trottoir est éclairé par une lueur vert pâle qui retombe en pluie vers le sol.
D'où vient-elle ? Des arbres. Leurs feuillages brillent en silence d'un éclat phosphorescent dans la nuit. Par quel miracle ? Très inspiré, le designer Daan Roosegaarde a eu l'idée pour le moins lumineuse de croiser l'ADN d'une méduse luminescente avec celui… d'un arbre. Résultat : les arbres ainsi « traités » brillent comme des méduses. Et ils luiront pour des centaines d'années sans jamais avoir besoin de se brancher à une batterie ou à une prise de courant. De quoi être… médusé !

L'ARBRE À VENT

Après l'arbre à lumière, voici l'arbre à vent. Ses feuilles semblent venir tout droit de la quatrième dimension. En effet, elles tourbillonnent comme des éoliennes miniatures et produisent du courant électrique. Bien plus vaillants que des éoliennes (qui produisent à peine 120 jours par an), les arbres électriques fonctionnent pratiquement toute l'année, alimentés par une simple brise de 2 m par seconde. Et le courant passe entre le public et New Wind, dont le carnet de commandes ne désemplit pas depuis 2014.

PAYS : FRANCE
CONCEPTEUR(S) : JÉRÔME MICHAUD-LARIVIÈRE
TARIF : NC
DATE DE LANCEMENT : 2014

L'ARBRE À VENT
Selon le Français Jérôme Michaux-Larivière, la pluridisciplinarité et l'approche biomimétique (qui imite le vivant) est une source inépuisable de solutions pour produire de l'énergie propre. Son arbre à vent est le fruit de cette pensée.

LA VITRE PHOTOVOLTAÏQUE
Polysolar a déjà mis en place en 2016 sa technologie de vitre solaire sur les abribus de la ville de Londres ! Chaque abribus devrait ainsi générer plus de 2 000 kWh d'électricité par an.

LA VITRE PHOTOVOLTAÏQUE

Une autre façon de fabriquer du courant ? Tous à vos fenêtres. En plus d'arrêter les courants d'air, elles vont désormais éclairer votre salon et alimenter la cuisinière. Comment ? Un film transparent ultra-fin saupoudré d'une rasade de silicium est déposé sur les vitres : la lumière du soleil est captée des deux côtés par le verre puis instantanément transformée en courant électrique. L'avenir vient d'entrer par la fenêtre.

CRÉER L'EAU

L'eau est un élément essentiel de la vie sur terre. L'Organisation mondiale de la Santé rapporte que 780 millions de personnes sont privées d'accès à l'eau potable et environ 3,4 millions meurent chaque année en raison de maladies d'origine hydrique. Certaines solutions révolutionnaires émergent progressivement…

ENSEMENCER LES NUAGES Les ingénieurs de Drone Amérique et des scientifiques de l'Institut de Recherche du Désert (États-Unis) se sont associés pour construire un drone qui permet l'ensemencement des nuages.

PAYS : *ÉTATS-UNIS*
CONCEPTEUR(S) :
DESERT RESEARCH INSTITUTE ET DRONE AMERICA
TARIF : *NC*
DATE DE LANCEMENT : *2016*

UN DRONE QUI SÈME LA PLUIE

Une équipe de scientifiques du Nevada (États-Unis), constituée d'ingénieurs et de météorologues, est parvenue à contrôler le climat avec des drones ! Il s'agit de la toute première plateforme autonome d'ensemencement de nuages. Ce procédé pourrait augmenter les précipitations naturelles de 15 %. Mais comment est-ce possible ? Des particules microscopiques d'iodure d'argent sont déversées dans les nuages grâce à ce drone. Or, l'iodure d'argent est un agent actif qui glace les gouttelettes d'eau présentes dans les nuages, provoquant ainsi leur chute. Celles-ci tombent sur le sol sous forme de neige ou de gouttes de pluie, en fonction des températures de surface. On ne peut qu'espérer que ce procédé se généralise, bien que l'on ignore encore ses conséquences sur le climat s'il était pratiqué à grande échelle sur la planète…

ÉTEINDRE LES INCENDIES DEPUIS LES NUAGES

Les avions « bombardiers d'eau » destinés à éteindre les incendies sur de grandes étendues de territoire, comme les feux de forêt, ont évolué de manière étonnante grâce à la conception d'un Boeing 747 dédiée à la lutte contre les flammes. C'est ainsi le plus grand engin

PAYS : *ISRAËL*
CONCEPTEUR(S) : *WATER-GEN LTD*
TARIF : *NC*
DATE DE LANCEMENT : *2016*

❶ TRANSFORMER L'AIR EN EAU
L'air propre entre dans le système GENius qui le déshumidifie. L'eau est ainsi recueillie et filtrée dans un réservoir de collecte à l'intérieur de l'unité. Un robinet permet de la redistribuer immédiatement, prête à la consommation.

« anti-incendie » dans le monde. Il peut déverser plus de 77 000 litres d'eau en moins de 6 secondes, et ce à une altitude très élevée, proche des nuages. Capable d'éteindre les feux de forêt les plus dramatiques en peu de temps, l'appareil coûterait cependant plus de 100 millions de dollars.

TRANSFORMER L'AIR EN EAU

Water-Gen, une start-up israélienne, espère améliorer l'accessibilité à l'eau potable dans le monde grâce à son invention révolutionnaire : une unité de génération d'eau atmosphérique. En utilisant un convertisseur de chaleur appelé « GENius » pour refroidir l'air et condenser la vapeur d'eau, l'appareil parvient à créer de l'eau dans la plupart des environnements, même les plus désertiques.

PAYS : *ÉTATS-UNIS*
CONCEPTEUR(S) : *GLOBAL SUPERTANKER SERVICES*
TARIF : *90 MILLIONS €*
DATE DE LANCEMENT : *2015*

❷ ÉTEINDRE LES INCENDIES DEPUIS LES NUAGES Lorsque le Boeing 747-400 bombardier d'eau déverse ses citernes, il se transforme en un véritable cumulonimbus artificiel capable de générer un déluge de pluie sur d'immenses incendies…

EXPLORER LES OCÉANS

Nous vous invitons maintenant à plonger au cœur des océans. Il fait noir. La pression est colossale. Le froid insoutenable. Mais pas pour les robots. Avec eux, découvrons les grandes profondeurs. Et préparons-nous à des choses encore jamais vues.

LE TRIDENT OPENROVE
Cet engin est un drone sous-marin que vous pouvez construire vous-même ! Il est pilotable depuis votre ordinateur portable et contient une caméra qui retransmet son exploration en vidéo immersive.

PAYS : *INTERNATIONAL*
CONCEPTEUR(S) : *DIY OCEAN EXPLORERS (COMMUNAUTÉ)*
TARIF : *1 350 €*
DATE DE LANCEMENT : *2016*

OCEAN ONE
Embarqués sur le bateau André Malraux, les chercheurs du DRASSM ont exploré en avril 2016 les ruines de l'épave de La Lune, un vaisseau amiral de Louis XIV qui avait sombré au large de Marseille en 1664. Sur cette photo, Ocean One, le robot archéologue sous-marin, vient de récupérer un vase de la taille d'un pamplemousse.

UN DRONE SOUS-MARIN EN KIT

Imaginez un drone sous-marin créé par une communauté internationale de développeurs « open source » (exploitation non commerciale en libre accès), produit par le financement participatif des internautes et livré en kit avec un plan de montage. Si l'on ajoute que ce sous-marin se contrôle visuellement depuis la surface avec un casque de réalité augmenté qui immerge (c'est le cas de le dire !) le regard de l'utilisateur, vous comprenez enfin pourquoi Trident OpenRove est une révolution !

UN ROBOT ARCHÉOLOGUE SOUS-MARIN

Fruit d'un développement conjoint entre le Département des recherches archéologiques subaquatiques et sous-marines du Ministère de la Culture en France et le département de robotique de l'Université de Stanford aux États-Unis, Ocean One est un robot humanoïde piloté par des chercheurs depuis la surface et doté d'un retour haptique (le toucher du robot est retransmis à l'archéologue !). Il inaugure ainsi une nouvelle ère pour l'exploration sous-marine des océans qui pourra se faire sur des durées de plongée et des profondeurs importantes, même dans des zones dangereuses.

UNDERWATER JET PACK
Chaque brassière pèse 2,5 kg et la vitesse maximale est de 10 km/h. La batterie dure environ une heure.

UNDERWATER JET PACK

Ce système de propulsion portable va révolutionner l'expérience de plongée sous-marine en apportant l'adrénaline des sports de vitesse au monde subaquatique ! L'« Underwater Jet Pack X2 Sport » est un dispositif de brassières motorisées qui, selon ses concepteurs, « va vous permettre d'explorer les océans avec la puissance, la grâce et la légèreté d'un dauphin ».
En diminuant l'énergie consommée par le plongeur (et donc l'oxygène), en lui permettant d'accéder plus rapidement à la zone de plongée, il y a fort à parier que ce Jet Pack change radicalement la pratique de la plongée, qu'elle soit sportive ou professionnelle. Pour l'utiliser, la seule indication est de pointer ses bras dans la direction visée !
Et sa vitesse de 10 km/h vous permettra d'évoluer plus rapidement que Michael Phelps, le nageur le plus rapide du monde dont le reccord n'est que de 7 km/h…

PAYS : *ROYAUME-UNI*
CONCEPTEUR(S) :
SUPERMARINOVATION
TARIF : *1 800 €*
DATE DE LANCEMENT : *2016*

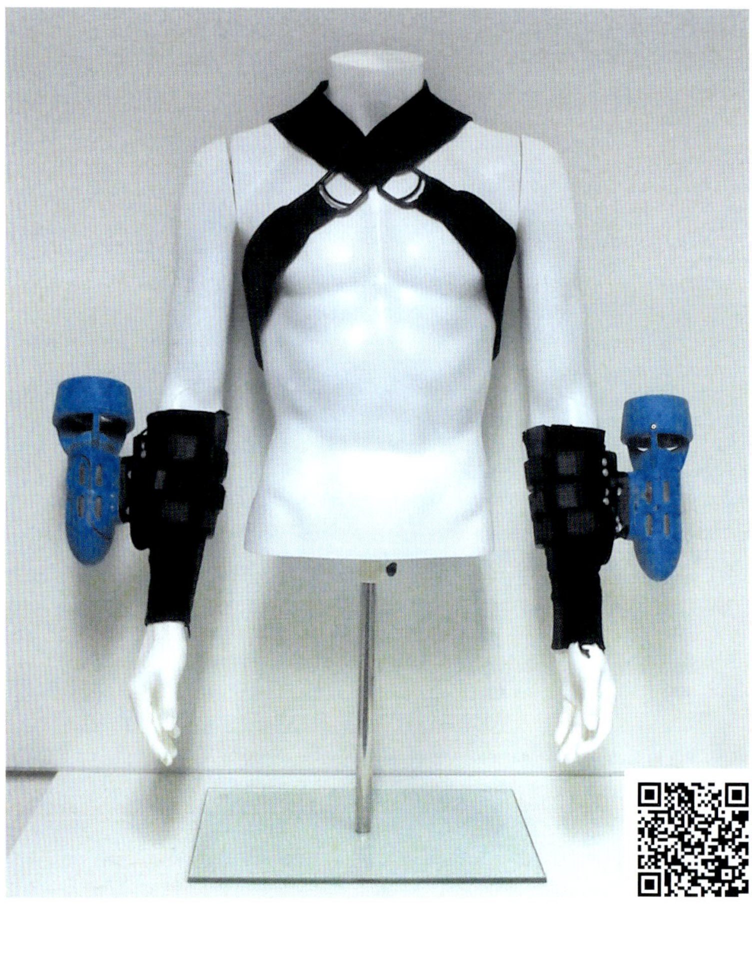

MARINE DRONES
Conçus pour être déployés en groupe, ces drones sont de véritables poubelles sous-marines qui nettoient les mers de façon totalement autonomes…

PAYS : *MONACO*
CONCEPTEUR(S) :
PHILOMÈNE LAMBAERE
TARIF : *NC*
DATE DE LANCEMENT : *NC*

NETTOYER LES MERS

Ce projet de drones sous-marins est en réalité un filet de pêche doté de moteurs et de capteurs lui permettant d'emprisonner les détritus maritimes d'une manière très innovante. Plusieurs « Marines drones » peuvent ainsi être programmés pour prospecter ensemble les mers, collecter les déchets, revenir seul dans une zone de délestage et se recharger. Peut-on se réjouir et annoncer la fin des sacs et bouteilles en plastique en haute mer ? À suivre…

SOUS-MARIN PERSONNEL

Les passionnés d'exploration maritime les plus fortunés n'hésiteront pas à s'offrir ce sous-marin personnel nommé Triton 6600/2, qui peut atteindre 6 600 pieds (2 000 m) de profondeur maximale. Il évolue à une vitesse de plus de 5 km/h. Son large hublot transparent et ses deux places assises vous promettent de belles balades… Avis aux amateurs !

TRITON 6 600/2
Ce sous-marin personnel est doté d'un réservoir d'oxygène de plus de 96 heures et d'une autonomie électrique (moteur) d'une dizaine d'heures.

PAYS : *ÉTATS-UNIS*
CONCEPTEUR(S) :
TRITON SUBS
TARIF : *5 MILLIONS €*
DATE DE LANCEMENT : *2016*

IMPRIMER UN BÂTIMENT

Allez encore plus loin ! Rêvez en volume. Faites de la géométrie dans l'espace. Et imprimez en trois dimensions votre maison. Impossible ? Plus maintenant. Voici comment faire surgir des villes entières des entrailles d'imprimantes géantes.

PAYS : ÉTATS-UNIS
CONCEPTEUR(S) : WATG
TARIF : NC
DATE DE LANCEMENT : 2016

LA VILLA WATG
Les architectes Daniel Caven, Chris Hurst, Miguel Alvarez et Brent Watanabe ont conçu une villa intégralement imprimable.

IMPRIMER UNE VILLA

Le cabinet d'architecture WATG a remporté en juin 2016 le concours international Free Form Home Design Challenge visant à récompenser le premier projet de villa d'architecte intégralement imprimable en 3D. Les architectes qui participaient au concours étaient invités à imaginer des solutions techniques tant pour les matériaux, les systèmes d'ouvertures et de fenêtres que pour la structure même du bâtiment. L'intérieur inclut une cuisine, une salle de bain, un séjour et une chambre à coucher réalisables avec le même procédé. L'enjeu était également de résoudre les problèmes d'électricité, de plomberie et d'éclairage par énergie solaire qui se trouvent intégrés à la structure. En mettant au premier plan le design architectural tout en inventant une construction modulaire par bloc imprimé, le résultat est pour le moins révolutionnaire !

⊕ UNE TECHNOLOGIE D'IMPRESSION GÉANTE À FORME LIBRE
L'imprimante « Cellular Fabrication » utilisée par les architectes du cabinet WATG pour leur construction, permet une liberté totale dans le choix des formes de la structure ainsi que dans l'utilisation de matériaux économiques.

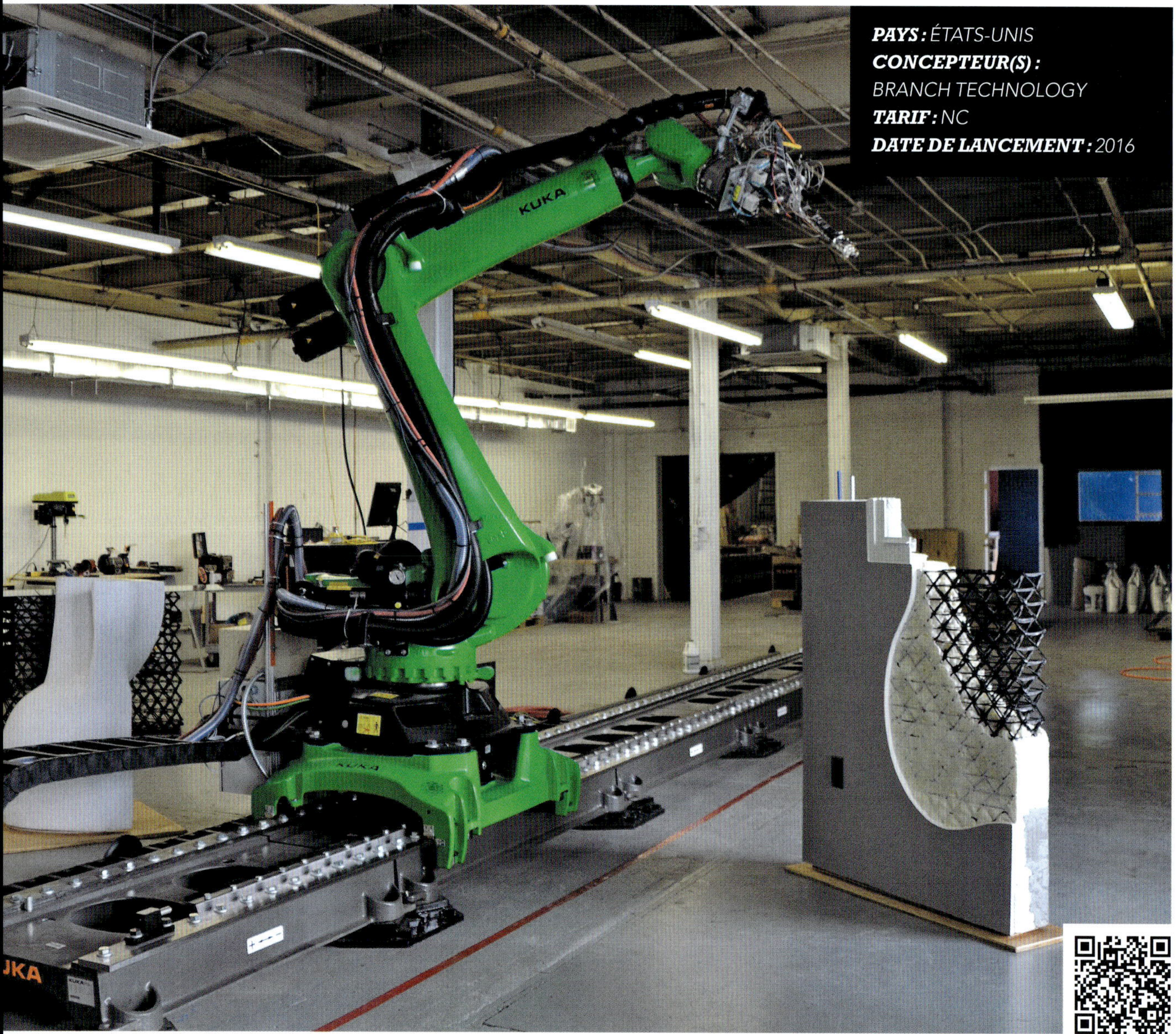

PAYS : *ÉTATS-UNIS*
CONCEPTEUR(S) : *BRANCH TECHNOLOGY*
TARIF : *NC*
DATE DE LANCEMENT : *2016*

UNE IMPRIMANTE À BÂTIMENTS
Les ingénieurs de la start-up Branch Technology ont détourné un robot initialement destiné à la fabrication automobile pour imprimer des formes géantes en 3D faites d'un mélange de fibres de plastique et de carbone.

L'IMPRIMANTE GÉANTE À FORME LIBRE

L'invention révolutionnaire de la start-up Branch Technology consiste en une imprimante 3D qui usine des formes géantes de façon « matricielle ».
En effet, les volumes imprimés sont extrudés, c'est-à-dire vides de matière. Seuls des tubes – faits de plastique et de carbone – sont imprimés pour dessiner la forme finale qui sera remplie par les ouvriers directement sur le chantier avec les matériaux classiques utilisés dans le génie civil, tels le ciment ou le béton.
Le bâtiment est ainsi conçu et imprimé directement par blocs légers en « fil de fer », depuis le logiciel d'architecture, qui permet les formes les plus fantaisistes trop compliquées et onéreuses à obtenir par les procédés de construction habituels.

UNE MAISON IMPRIMÉE, TOTALEMENT AUTONOME

Ce projet nommé Additive Manufacturing Integrated Energy (AMIE) a pour ambition de créer – mais aussi d'étudier – le principe d'une maison modèle totalement autonome en énergie.
Elle a été imprimée en 3D… et n'est faite que de plastique ! Les murs bénéficient d'une isolation à haute efficacité énergétique et l'éclairage, constitué de lampes LED, est intégré à la structure.
Qu'y a-t-il de révolutionnaire là-dedans ? Et bien le véhicule qui transporte cette maison sur roue est alimenté par les panneaux solaires de l'habitation !
Vous voilà prêts à parcourir le monde, sans essence, ni électricité et ce, grâce à un procédé d'impression 3D…

LA MAISON « AMIE »
Cette maison mobile imprimée en 3D est conçue pour fonctionner avec son propre véhicule, les deux étant alimentés par les panneaux solaires situés sur le toit de l'habitation.

PAYS : ÉTATS-UNIS
CONCEPTEUR(S) : SKIDMORE, OWINGS & MERRILL LLC
TARIF : NC
DATE DE LANCEMENT : 2016

LE ROBOT MX3D peut imprimer des métaux – acier inoxydable, aluminium, bronze ou cuivre – sans avoir besoin de support. En ajoutant progressivement de petites quantités de métal fondu, MX3D trace de solides lignes métalliques « dans les airs ».

PAYS : PAYS-BAS
CONCEPTEUR(S) : MX3D
TARIF : NC
DATE DE LANCEMENT : 2016

IMPRIMER UN PONT

La société néerlandaise MX3D, spécialisée dans l'impression 3D de matériaux de construction en béton, a développé un procédé robotisé particulièrement surprenant, justifiant à lui seul le titre de notre ouvrage : un bâtisseur de pont. Imaginez un cours d'eau, une rivière ou un fleuve ; de chaque côté de la rive, des bras articulés s'activent pour imprimer et assembler millimètre par millimètre un véritable pont ! Le métal utilisé est un alliage composite innovant, développé par l'Université technologique de Delft aux Pays-Bas. La première construction a eu lieu à petite échelle, à Amsterdam, d'après un modèle créé par l'architecte Joris Laarman. Celui-ci n'a eu pour outil qu'un simple logiciel d'architecture classique. Les robots industriels, pivotant sur 6 axes, ont créé le petit édifice en quelques heures, point de soudure par point de soudure. Espérons que ce projet tienne ses promesses et continue de se perfectionner.

LES IMMEUBLES

L'architecture et la construction des immeubles sont des marqueurs forts de l'évolution technologique d'une civilisation. Ce qui nous attend dès demain, c'est plus de hauteur, plus d'écologie, et l'automatisation de la construction.

L'ASCENSEUR LE PLUS RAPIDE

Hitachi vient de construire à Guangzhou, en Chine, l'ascenseur le plus rapide au monde : 72 km/h ! Il parcourt la distance entre le rez-de-chaussée et le 95e étage en un temps record de 43 secondes. À titre de comparaison, un ascenseur classique se déplace à une vitesse moyenne comprise entre 8 km/h et 35 km/h pour les plus véloces. Selon les ingénieurs d'Hitachi, les voyages à grande vitesse dans les bâtiments doivent affronter les mêmes particularités que dans l'aviation. C'est pourquoi la pression atmosphérique de la cabine doit impérativement être maîtrisée pour ne pas blesser l'oreille des passagers.

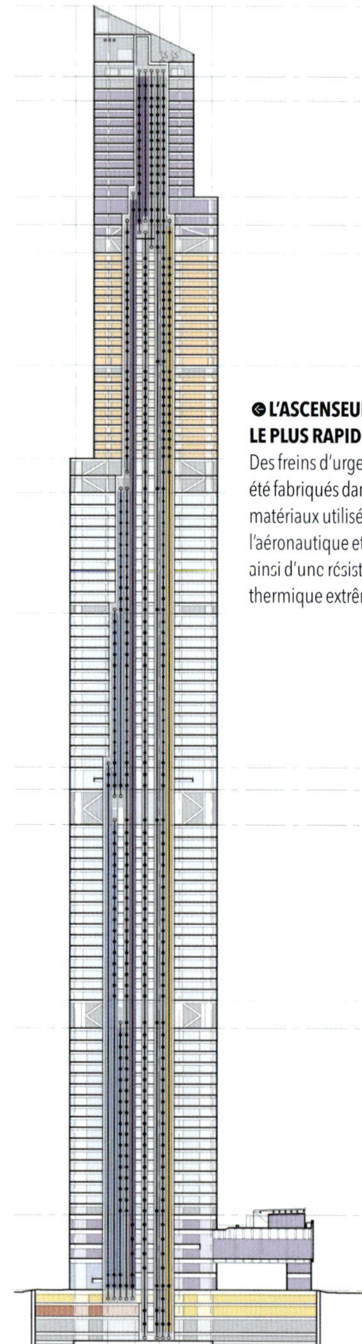

L'ASCENSEUR LE PLUS RAPIDE
Des freins d'urgence ont été fabriqués dans des matériaux utilisés dans l'aéronautique et bénéficient ainsi d'une résistance thermique extrême.

PAYS : *CHINE ET JAPON*
CONCEPTEUR(S) : *HITACHI*
TARIF : *NC*
DATE DE LANCEMENT : *2016*

LE MUSÉE DU FUTUR
Les bâtiments administratifs qui jouxtent le tout nouveau musée de la ville de Dubaï ont été imprimés en quelques semaines par une machine de plus de 6 mètres de haut.

PAYS : *DUBAÏ*
CONCEPTEUR(S) : *NC*
TARIF : *NC*
DATE DE LANCEMENT : *2015*

SUN HOUSE 360
En étant astucieusement orientée par rapport au soleil, cette maison pourrait faire économiser à ses propriétaires jusqu'à 70 % de coûts énergétiques.

PAYS : *ESPAGNE*
CONCEPTEUR(S) : *SUNHOUSE 360*
TARIF : *2 500 € LE M²*
DATE DE LANCEMENT : *2017*

UNE MAISON TOUJOURS ENSOLEILLÉE

Que diriez-vous d'une maison programmable, qui vous permette d'avoir une cuisine ou un séjour toujours ensoleillé ? Sun House 360 est une maison circulaire et rotative, contrôlée par un logiciel qui oriente le bâtiment en fonction de l'heure de la journée et de l'ensoleillement effectif du terrain. Chaque rotation dure 15 minutes et reste suffisamment lente pour que ses habitants ne la remarquent pas. Seule la vue depuis les fenêtres panoramiques qui entourent le bâtiment peut permettre de sentir ce déplacement. Une première maison est en construction pour 2017 à Marbella dans le sud de l'Espagne. D'autres devraient suivre selon le promoteur. Le coût de construction avoisinant les 2 500 euros le m^2, elle peut être destinée à toutes les catégories sociales.

LE MUSÉE DU FUTUR DE DUBAÏ

En marge de la construction du nouveau « Musée du Futur », inauguré en 2015 à Dubaï, a été présenté le premier bâtiment de bureaux (destiné aux employés du musée) intégralement imprimé en 3D, mobilier inclus, en quelques semaines seulement ! Il intègre également de nombreuses innovations architecturales en matière d'aménagement du lieu de travail. L'imprimante géante qui a réalisé cet exploit mesurait 6 mètres de haut.

LES MOBIL-HOMES

Et si vous pouviez acheter une maison sur Internet, livrable et habitable immédiatement, aménagée par les plus grands designers, installable sur n'importe quel terrain et n'ayant besoin d'aucun réseau électrique ou sanitaire ? Le mobil-home se réinvente !

LE PAVILLON « EROS SENS » Le designer Kulapat Yantrasast a imaginé ce module d'habitation préfabriqué et livré en une seule pièce.

LE « PAVILLON RELAXATION » L'architecte J. Meyer a conçu ce pavillon « zen » comme une œuvre d'art éphémère pouvant être posée en pleine nature.

LE PRÉFABRIQUÉ RÉINVENTÉ

Conçus d'un seul bloc, le plus souvent avec des imprimantes 3D, faits de matériaux innovants, livrés pré-assemblés et immédiatement habitables, ces bâtiments mobiles imaginés par les designers les plus créatifs, s'adaptent facilement à un environnement naturel ou à des décors urbains chargés. Disponibles sur Internet, ces constructions sont les premières maisons achetables en un seul clic !

PAYS : *ÉTATS-UNIS*
CONCEPTEUR(S) :
REVOLUTION PRECRAFTED
TARIF : *À PARTIR DE 31 500 €*
DATE DE LANCEMENT : *2015*

PAYS : SLOVAQUIE
CONCEPTEUR(S) : NICE ARCHITECTS
TARIF : 79 000 €
DATE DE LANCEMENT : 2016

VIVRE DANS UNE « ÉCOCAPSULE » AUTONOME

Cette micro-habitation mobile appelée « Écocapsule » ne dispose que de 2,5 m^2 de surface au sol, mais son aménagement intérieur est incroyable : elle peut accueillir jusqu'à deux personnes, les installations comprennent une salle de bains avec douche et compostage, des toilettes sans eau, un petit coin-cuisine avec un évier et deux plaques de cuisson, un espace de bureau, des branchements électriques… Elle possède même un canapé convertible qui se déplie pour obtenir un lit double ! L'écocapsule est dotée d'une batterie de 10 kWh à pleine charge, ce qui permet de vivre pendant au moins quatre jours sans soleil avec 2,2 kW d'utilisation par jour. Le plus excitant ? Une application smartphone permet de contrôler toutes les fonctionnalités de l'habitat !

MOBILITÉ EXTRÊME
L'écocapsule est dotée de quatre roues pour faciliter son transport. Deux crochets permettent de la déplacer avec une grue ou un hélicoptère : aucune zone du globe ne vous sera interdite !

UNE CAPSULE AUTONOME
Cette micro-habitation mobile fonctionnant à l'énergie solaire vous permet de vivre hors du réseau urbain partout dans le monde. Elle récolte et filtre l'eau de pluie, et une éolienne permet de compléter l'énergie solaire…

AGRICULTURE URBAINE

Afin de garantir à la population mondiale une alimentation suffisante malgré le manque de terres cultivables, l'avenir de l'agriculture passe par une production de proximité, chez soi ou dans des fermes urbaines. Voici un tour d'horizon des projets les plus enthousiasmants !

THE URBAN SKYFARM

Le Urban Skyfarm est un projet de ferme urbaine verticale prévu pour prendre place dans un quartier du centre de Séoul, juste à côté d'une rivière. Cette zone urbaine abrite une population dense et un important quartier d'affaires, qui en seront les premiers bénéficiaires. En effet, le Urban Skyfarm vise surtout à soutenir la production et la distribution alimentaires locales tout en améliorant la qualité de l'environnement : recyclage des eaux usées et filtrage naturel de l'air urbain. Enfin, l'organisation verticale permet aux végétations d'obtenir un ensoleillement optimal sur les 13000 m² de cultures hors-sol.

PAYS : ÉTATS-UNIS
CONCEPTEUR(S) : STEVE LEE
TARIF : NC
DATE DE LANCEMENT : 2017

UN IMMEUBLE EN FORME D'ARBRE
Reproduisant la forme d'un arbre, les quatre composantes principales que sont les racines, le tronc, les branches et les feuilles ont chacune leurs propres caractéristiques spatiales qui correspondent à diverses conditions d'élevage ou d'agriculture.

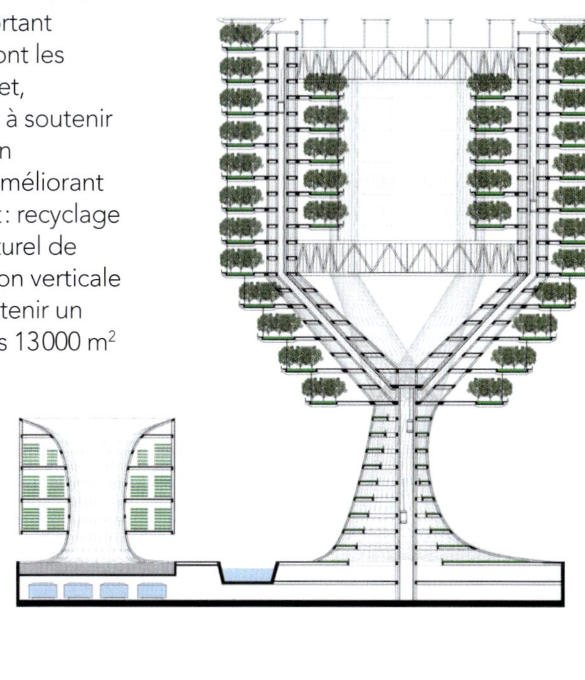

PAYS : *ÉTATS-UNIS*
CONCEPTEUR(S) :
TERREFORM ONE
TARIF : *NC*
DATE DE LANCEMENT : *NC*

BULBO Ce système d'éclairage artificiel permet de faire pousser ses légumes sur la paillasse de sa cuisine.

PAYS : *ITALIE*
CONCEPTEUR(S) : *BULBO*
TARIF : *230 €*
DATE DE LANCEMENT : *2016*

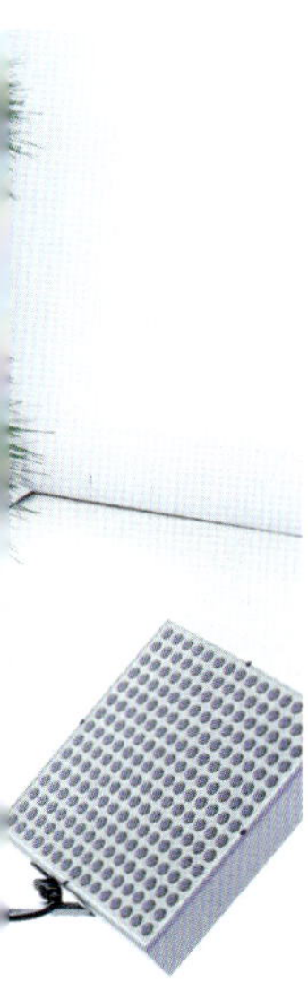

URBAN FARM POD
Cette serre futuriste utilise une plateforme de surveillance numérique qui relaie les informations sur la santé des plantations via Internet.

UNE SPHÈRE POUR AUTOPRODUIRE SES LÉGUMES

La start-up TerreForm ONE mise quant à elle sur une forme sphérique pour imaginer l'avenir de l'agriculture urbaine. Basée à New York, cette dernière a récemment dévoilé un prototype nommé Urban Farm Pod : une serre en forme de boule d'une dizaine de mètres carrés, destinée à être posée dans un jardin ou dans une cour pour permettre aux familles urbaines (deux adultes et un enfant) de cultiver leur propre nourriture sans consommer d'énergie. Constituée de matériaux recyclés, l'Urban Farm Pod contient un système d'irrigation et de mousses cultivables, évitant la mise en terre des plantations.

L'AUTOCULTURE DANS SA CUISINE

La valeur nutritive des légumes, dont les précieuses vitamines, diminue après leur cueillette. Pire, si vous les laissez tremper dans l'eau pour les nettoyer (ce qui est légitime pour des légumes achetés en supermarchés), vous faites disparaître les vitamines hydrosolubles, comme les vitamines B et C… Contre toute attente, les produits végétaux qui conservent le mieux leurs nutriments ne sont pas ceux de votre primeur, mais les surgelés ! La solution est certainement de cueillir puis de cuisiner aussi rapidement que possible ses légumes. C'est pour cela que Bulbo est né. Il s'agit d'un système d'éclairage artificiel à installer sur la paillasse de sa cuisine : le prisme lumineux diffusé par les ampoules LED permet une culture 24 h/24 à faible coût énergétique…

PAYS : GRANDE-BRETAGNE
CONCEPTEURS : RICHARD BALLARD ET STEVEN DRING
TARIF : NC
DATE DE LANCEMENT : 2015

DES TUNNELS SOUTERRAINS La ferme souterraine se trouve dans un abri anti-bombardement datant de la Seconde Guerre mondiale sous le quartier de Clapham et occupera environ 10 000 m² de tunnels une fois son installation terminée.

CULTIVER TOUTE L'ANNÉE Les concepteurs utilisent les systèmes hydroponiques les plus innovants (cultures hors-sol) et une technologie LED développée spécialement pour l'éclairage artificiel des cultures. Cela permet d'avoir des récoltes toute l'année, dans un environnement parfait et sans aucun pesticide…

UNE FERME À 33 M SOUS LES RUES DE LONDRES !

Growing Underground est l'aboutissement du projet des deux entrepreneurs britanniques Richard Ballard et Steven Dring, en partenariat avec le chef étoilé français Michel Roux. Après plus de sept années de recherches et de collectes de fonds, la première récolte vient d'être faite ! Au menu, des petits pois, des radis, du céleri, des graines de moutarde, du persil et de la roquette.
Ces années ont permis de mettre au point une ventilation adaptée, un éclairage artificiel innovant et un système d'irrigation suffisamment sophistiqué pour limiter au maximum la consommation énergétique. Sans être jamais affectée par les conditions météorologiques ou les insectes, bénéficiant d'une température, d'une humidité et d'une luminosité constantes, la qualité des légumes est parfaitement contrôlée et leur goût toujours égal…

PAYS : ÉTATS-UNIS
CONCEPTEUR(S) : FREIGHT FARMS
TARIF : 80 000 €
DATE DE LANCEMENT : 2016

FREIGHT FARMS
La start-up à l'origine de ce procédé n'exploite pas elle-même ses fermes urbaines, elle se contente de commercialiser les containers prêts à la culture.

UNE FERME URBAINE DANS UN CONTAINER

Et si les containers frigorifiques pouvaient être recyclés en fermes urbaines ? Dotée de 128 bandes de lumières LED, chaque « ferme » dispose d'un système de circulation d'eau, de réservoirs d'engrais liquide et de propane (pour la production de CO_2), et utilise seulement 10 litres d'eau et 80 kWh d'énergie par jour !
Selon ses concepteurs, une Freight Farm produit l'équivalent d'un hectare de terre agricole ! Placée en centre-ville, elle permet l'émergence d'un tout nouveau métier, le « fermier urbain ».

PLANTUI
Le procédé PlantUI utilise la même méthode d'irrigation que les serres professionnelles : il pompe doucement de l'eau vers les racines 1 à 8 fois par jour, en fonction du stade de croissance.

PAYS : FINLANDE
CONCEPTEUR(S) : PLANTUI OY
TARIF : 260 €
DATE DE LANCEMENT : 2016

PAYS : *ITALIE*
CONCEPTEUR(S) : *NASA ET DESIGNLIBERO*
TARIF : *NC*
DATE DE LANCEMENT : *NC*

GREEN WHEEL
La force de gravité de la roue optimise la répartition de l'eau et son absorption par les plantes. Le boîtier externe cache un moteur, un réservoir d'eau et une pompe pour l'irrigation automatique.

PLANTUI, LE « SMART GARDEN »

Basé sur la culture hydroponique (sans terre), le PlantUI est un système de pot qui arrose automatiquement la plante et qui contient dans son « chapeau » un éclairage artificiel s'adaptant à la phase de croissance des végétaux. Le pot ne mesurant que quelques centimètres, il est possible de multiplier les types de culture dans sa cuisine même. Il ne vous faudra pas plus de quelques semaines pour obtenir salades ou herbes sans autre effort que d'avoir inséré quelques graines…

GREEN WHEEL, LE JARDIN ROTATIF DE LA NASA

La NASA a développé, puis abandonné, un concept génial de jardin hydroponique rotatif pour alimenter ses astronautes en herbes fraîches sur les missions spatiales de longue durée. Le studio DesignLibero a eu la brillante idée d'industrialiser ce projet oublié. L'éclairage central permet un ensoleillement égal de toute la plantation et, à l'intérieur de la roue, des vases miniatures en fibre de coco deviennent un support naturel pour que les racines poussent sans terre.

HIVE-INN
BEES
Eko
Photons
HIVE-INN
ORGANICS
HIVE-INN VEGETABLE MARKET

LA PREMIÈRE HIVE-INN CITY FARM a été construite à New York, où beaucoup de restaurants ont choisi de les exploiter pour économiser l'achat de légumes chez leur fournisseur.

HIVE-INN, UNE FERME MODULAIRE

Hive-Inn City Farm est une structure agricole modulaire basée sur le recyclage de conteneurs maritimes : chaque conteneur est un module dédié à une activité écologique ou agricole. La ferme urbaine est ainsi intégralement édifiée par la superposition de ces unités de stockage qui vont constituer ensemble un écosystème cohérent où chaque volume a sa fonction dédiée, qu'il s'agisse de la production alimentaire, de la collecte d'énergie, du recyclage des déchets ou de l'eau.
Les conteneurs peuvent être achetés ou loués par des commerçants, des habitants ou des entreprises du quartier.

HIVE-INN a été inventée par une agence d'architecture chinoise basée à Hong Kong bien que le premier édifice ait été réalisé à New York.

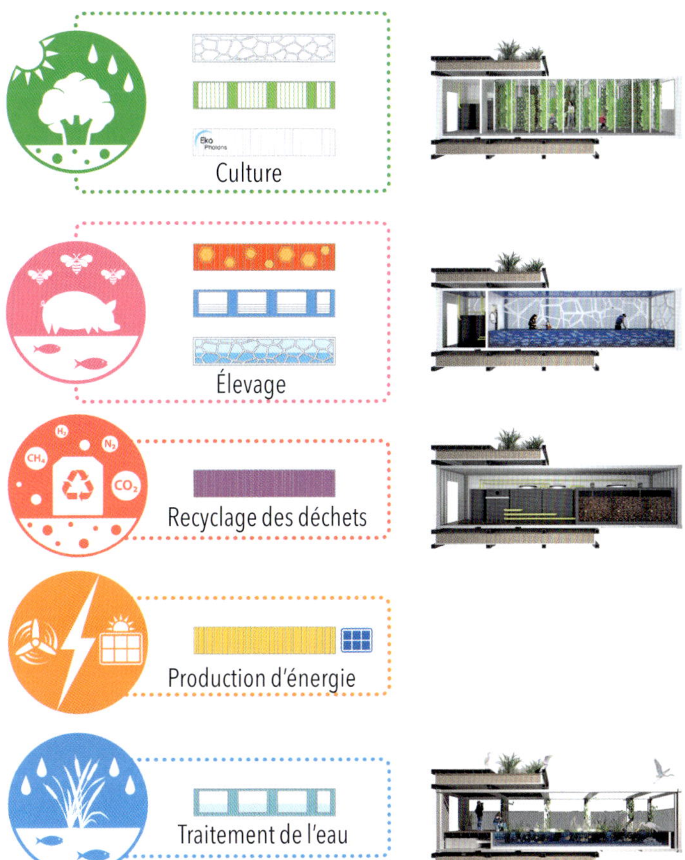

PAYS : *CHINE (HONG KONG)*
CONCEPTEUR(S) : *OVA STUDIO LTD*
TARIF : *NC*
DATE DE LANCEMENT : *NC*

SKYFARM, LA FERME URBAINE AQUAPONIQUE

La structure de cette ferme qui s'élève sur 28 m de hauteur n'est faite que de bambous laissant passer la lumière du soleil. Les douze étages de cultures agricoles offrent une surface cultivable de plus de 1 500 m^2. Mais la principale innovation de cette ferme réside dans sa base qui abrite un réservoir d'eau aquaponique. L'aquaponie est un système de culture particulièrement novateur qui fonctionne grâce à la symbiose entre les poissons et les plantes : les déjections des poissons sont transformées en nutriments assimilables par les plantes qui, à leur tour, purifient l'eau des poissons en la filtrant. Les plantes et les poissons se développent ainsi beaucoup plus vite, sans aucun apport chimique externe.

UNE TOUR HYPERBOLIQUE
La forme hyperbolique de la tour permet une construction facile à de multiples échelles, de 10 mètres à plus de 80 mètres de haut.

« NOURRIR LE MONDE »
Skyfarm a été lancée à l'origine pour l'Exposition universelle de Milan en 2015 dont le thème était « Nourrir le monde ».

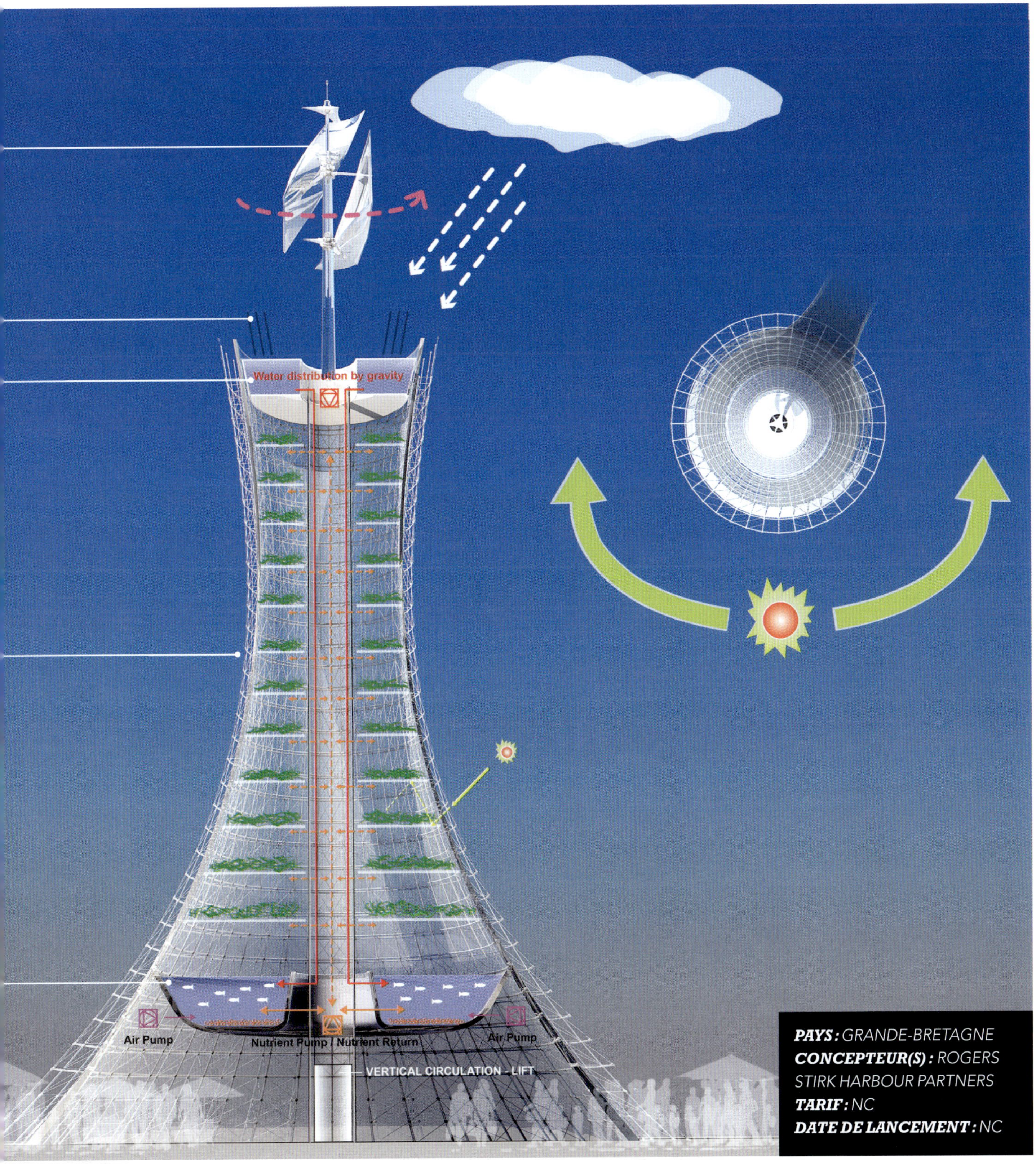

PAYS : GRANDE-BRETAGNE
CONCEPTEUR(S) : ROGERS STIRK HARBOUR PARTNERS
TARIF : NC
DATE DE LANCEMENT : NC

LES HÔTELS

Les architectes et les designers rivalisent de créativité pour réinventer l'activité hôtelière. Cette industrie bénéficie des innovations technologiques issues du secteur de la construction et de l'environnement, avec pour objectif, une qualité de séjour aussi élevée et unique que possible.

DU PROJET À LA RÉALITÉ Conçu et médiatisé depuis 2012, cet hôtel n'est pas encore construit. Il devrait cependant voir le jour à Dubaï d'ici 2018.

L'HÔTEL DUBAÏ UNDERWATER

Ce bâtiment maritime sur pilotis doit son allure de vaisseau spatial à son design futuriste. Cet hôtel est semi-immergé, la partie extérieure s'élevant à 10 mètres au-dessus de l'océan. Sa structure lui permet de résister à des conditions extrêmes (tsunami, cyclones, etc.). En dessous du niveau de la mer, on trouve 21 chambres, un bar lounge et un centre de plongée sous-marine. Chaque client a également un drone sous-marin à sa disposition afin de lui permettre de mieux observer les créatures des fonds marins.

PAYS : *ÉMIRATS ARABES UNIS*
CONCEPTEUR(S) :
DRYDOCKS WORLD
TARIF : *NC*
DATE DE LANCEMENT : *NC*

PAYS : *ZANZIBAR*
CONCEPTEUR(S) :
MANTA RESORT
TARIF : *1350 € / NUIT*
DATE DE LANCEMENT : *2013*

MANTA RESORT
Si vous souhaitez tester cet hôtel sous-marin, sachez qu'il est situé au large de l'île de Pemba à Zanzibar, un archipel de l'océan Indien, en face des côtes de Tanzanie… Et qu'il est destiné à une clientèle fortunée, chaque nuit étant proposée à 1350 €, navigation vers la chambre et alimentation incluse.

L'HOTEL AQUATIQUE

L'exploitation éco-touristique des océans est une démarche technologique et futuriste par de nombreux aspects. C'est ainsi que certaines installations permettent de créer un environnement vierge, en totale communion avec la nature. L'hôtel Manta Resort relève de cette démarche avant-gardiste. Chaque chambre est un bungalow posé sur l'eau, où l'espace nuit est situé à quatre mètres sous la surface. Disposant de grandes vitres sur chaque mur, celui-ci offre une vue subaquatique à 360°. Des spots lumineux attirent les poissons la nuit, et permettent de s'endormir dans un paysage onirique.

L'HÔTEL D'ESCALADE DU DR. KRASOJEVIC

L'accès à l'hôtel du Dr. Margot Krasojevic – l'heureuse propriétaire de cet hôtel unique au monde – se mérite ! Pour y accéder, il faut maîtriser l'escalade et y entrer par des ouvertures sur le flanc d'une montagne aussi abrupte que vertigineuse…
Mais une fois arrivés, les courageux grimpeurs bénéficient d'un lieu de repos exceptionnel. Situé dans le massif de l'Estérel dans le sud de la France, l'hôtel est composé d'une série de plateformes et de cavités aménagées. La structure principale est faite de colonnes et de cadres

PAYS : *FRANCE*
CONCEPTEUR(S) : *HOLDEN MANZ & FOCUS CAPE TOWN*
TARIF : *NC*
DATE DE LANCEMENT : *2015*

en acier, qu'un second revêtement en bois vient habiller. L'innovation technologique la plus importante se trouve dans les verres polarisés « holographiques » utilisés pour les parois transparentes.
Ceux-ci diminuent le sentiment d'éblouissement sans réduire la luminosité, filtre les rayons ultraviolets nocifs et apporte une ambiance lumineuse laiteuse, presque irréelle, propice au repos « new age » de ces clients de l'extrême.

UN ESPACE MÉDITATIF
Ces chambres « capsules » à flanc de montagne sont des volumes autonomes permettant au grimpeur de se reposer et de bénéficier d'un espace « méditatif » avant de poursuivre l'ascension du massif.

SAVIOKE, LE ROBOT ROOM SERVICE

La prochaine fois que vous séjournez à l'hôtel et que vous appelez le service d'étage pour obtenir un croque-monsieur ou une boisson chaude, il se pourrait bien que votre commande soit livrée par le robot Savioke ! Certes, il ne sait pas changer vos draps, mais peut vous fournir des serviettes propres dans un délai record. Il navigue librement dans l'hôtel grâce à sa connexion Wifi et ses caméras 3D qui lui permettent d'éviter une personne dans un couloir ou un objet posé devant lui et de trouver sa place dans un ascenseur qu'il n'a d'ailleurs aucune difficulté à appeler ! Quand un client

PAYS : *ÉTATS-UNIS*
CONCEPTEUR(S) : *SAVIOKE*
TARIF : *20 000 €*
DATE DE LANCEMENT : *2015*

SAVIOKE RELAY
Une fois que le robot est arrivé devant la porte de la chambre, plutôt que de toquer, il appelle le client sur son téléphone et attend qu'on lui ouvre la porte.

⊗ LA BULLE HOLLEYWEB
Si vous rêviez d'un bungalow en pleine nature, et de vous réveiller avec le lever du soleil, cette bulle est faite pour vous !

passe une commande téléphonique au service de chambre, le personnel rassemble les produits demandés sur la tête de Savioke qui, mesurant un mètre, est à la hauteur d'un plateau tenu à bout de bras. Loin d'être un gadget, ces robots ont déjà fait en 2015 plus de 11 000 livraisons aux États-Unis !

HOLLEYWEB, LE BUNGALOW REVISITÉ

Holleyweb est une bulle gonflable en PVC étanche qui vous permettra de profiter d'une chambre d'hôtel posée sur la plage ou en pleine forêt. Si vous avez peur de manquer d'air ou de vous sentir claustrophobe, n'ayez crainte, un système de soufflerie dynamique adapte en permanence la pression de l'air intérieur, bien que l'on puisse regretter que le bruit du ventilateur ne cesse de vous tenir compagnie…

PAYS : *ÉTATS-UNIS*
CONCEPTEUR(S) : *HOLLEYWEB*
TARIF : *NC*
DATE DE LANCEMENT : *2015*

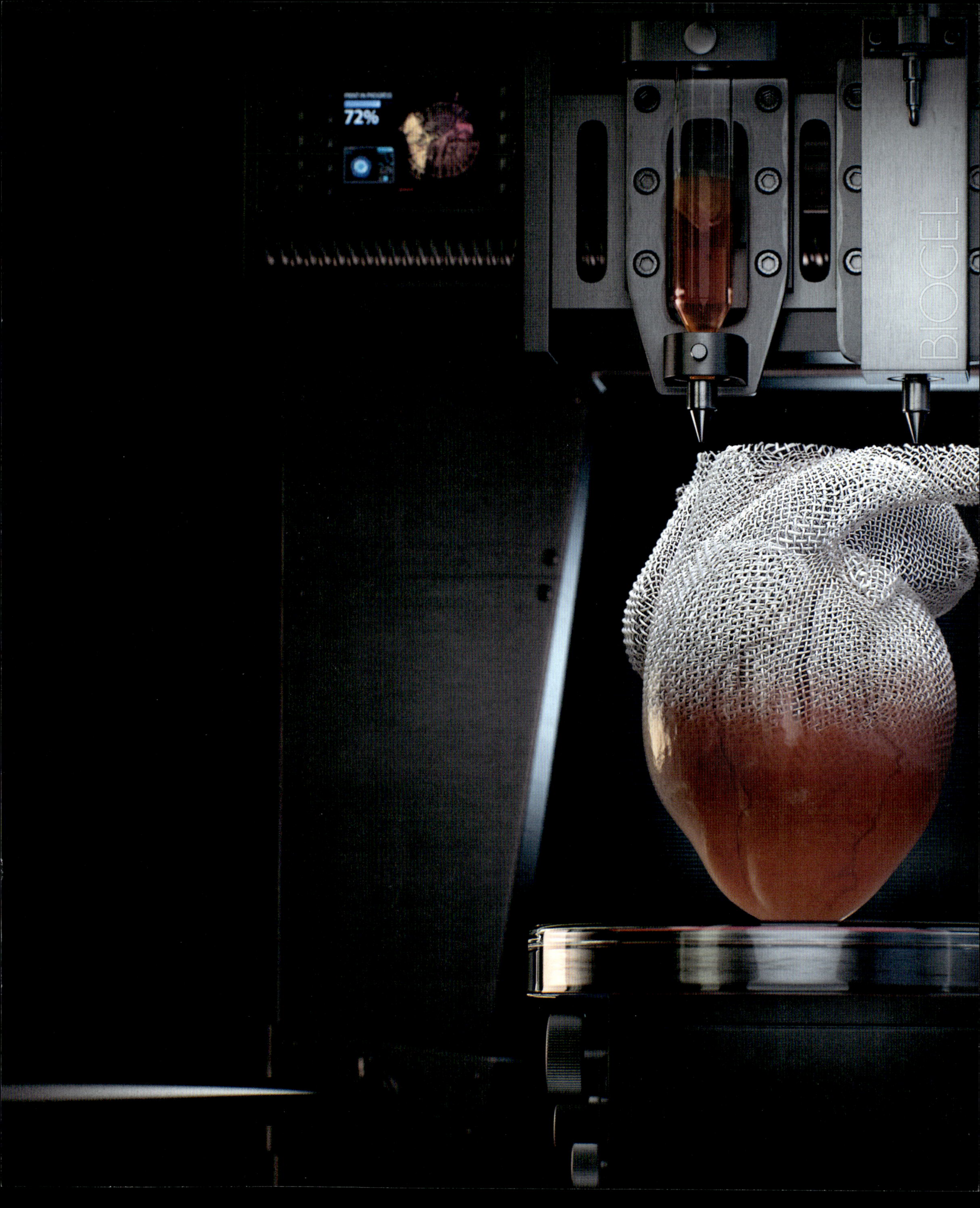
72%
BIOGEL

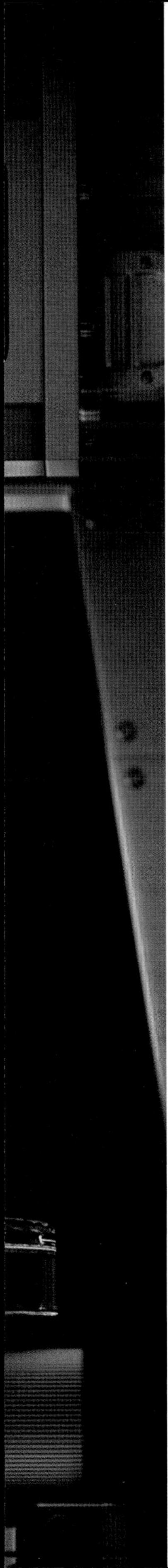

L'homme ! Celui d'aujourd'hui et surtout, celui de demain. À qui – à quoi – ressemblera-t-il ? Pour avoir sondé quelques lignes du proche avenir, notre pari est que le phénomène humain préservera son essence profonde. Pas de transfiguration transhumaniste, mais une évolution vers un humanisme heureux : l'homme de demain, comme celui d'aujourd'hui, restera humain. Sa réussite sera sans doute de construire les constellations du 2.0 à l'extérieur de son organisme. Mais de quoi son bonheur – le vôtre – sera-t-il fait ?

Vous allez le voir, le premier pas sera un extraordinaire accroissement de notre pouvoir sur la nature et les forces parfois aveugles qui peuvent nous menacer. Une maison vient de s'embraser ? En quelques minutes, l'incendie sera maîtrisé par un pompier de l'extrême, un fracassant robot-pompier cuirassé de rouge, insensible aux flammes et à la peur. Une tempête dévaste tout un quartier ? Là encore, des robots secouristes incroyablement efficaces vont se précipiter pour sauver des vies. Et puis, dans les deux ans à venir, l'homme va assurer de nouvelles prises, bien plus efficaces, sur sa santé. Soigner ses dents sans douleur grâce aux fraises à laser. Stimuler sa mémoire et sa concentration en plaçant sur sa tête un simple bandeau électromagnétique. Fabriquer sa pilule anti-sommeil avec une imprimante 3D. Et enfin, remporter des victoires historiques sur les grandes maladies. Ce sera bel et bien le cas avec ce test exceptionnel, réalisé par une biologiste de l'Institut national de la santé et de la recherche médicale (INSERM) et qui vient d'être mis sur le marché. Pour la première fois au monde, il devient possible de détecter des cellules destinées à devenir malignes plusieurs années à l'avance. Pour les éliminer à jamais.

Ainsi le bonheur humain sera sans doute d'accéder à une vie plus longue, en bonne santé. Tout ce que vous allez découvrir ici concourt à forger un nouvel horizon où 100 ans pour tous ne sera bientôt plus une utopie. Rendez-vous donc en 2116, pour la centième édition du *Livre des Merveilles* !

SECOURISME

Face aux flammes incandescentes, les androïdes pompiers cuirassés de noir écrasent les brasiers sous des tonnes d'eau. Entrez au pays de ces archanges mécaniques et de ces nouvelles armes contre le chaos où la sécurité, désormais, fait loi.

TAF 20 Ce véhicule de pompier futuriste est à la fois un canon à eau surpuissant et un drone autonome capable de se déplacer sur des terrains accidentés au cœur des incendies.

PAYS : *ALLEMAGNE*
CONCEPTEUR(S) :
MAGIRUS GMBH
TARIF : *NC*
DATE DE LANCEMENT : *2015*

LUTTER CONTRE LES FLAMMES

Mis au point par Magirus, un constructeur allemand de véhicules de lutte contre les incendies de forêt, ce véhicule baptisé TAF 20 (pour « Turbine Aided Firefighting ») a été mis en service en Australie. Les pompiers du FRNSW (Fire & Rescue New South Wales) peuvent le contrôler à distance jusqu'à 500 m. Il comprend une turbine capable de projeter un « nuage d'eau » à plus de 60 m de distance et un jet à plus de 90 m. Ces qualités révolutionnaires permettent également d'éteindre les puits de pétrole.

PAYS : *SUÈDE*
CONCEPTEUR(S) :
OMER HACIOMEROGLU
TARIF : *NC*
DATE DE LANCEMENT : *NC*

PAYS : ÉTATS-UNIS
CONCEPTEUR(S) : UCLA ET L'UNIVERSITÉ DE PENNSYLVANIE
TARIF : NC
DATE DE LANCEMENT : NC

THOR-OP n'est pas un simple robot pompier, il est beaucoup plus que cela ! Il est développé à partir d'une plateforme robotique « ouverte » où les étudiants de grandes universités américaines choisissent de monter des projets uniques autour d'une base technologique commune.

C-THRU HELMET
L'innovation n'est pas qu'une affaire de technologie innovante, mais aussi de créativité : adapter le casque des pilotes de chasse – qui existe depuis de nombreuses années – aux pompiers relève d'une simple « bonne idée » que personne n'avait eue avant...

LE CASQUE DU FUTUR

C-Thru Helmet est un casque de pompier qui s'inspire des casques de pilotes de chasse. Baptisé C-Thru, (see through ou « voir à travers »), ce dispositif de protection permet au pompier de conserver une vision parfaite malgré une fumée dense, grâce à une caméra thermique qui affiche de nombreuses informations sur la visière.
La géométrie de la pièce est ainsi délimitée de façon claire et le pompier peut éventuellement disposer d'une cartographie des lieux pour localiser plus rapidement les personnes à sauver. Espérons que son inventeur, le designer suédois Omer Haciomeroglu, parvienne à le commercialiser et permette ainsi de mieux équiper nos « soldats du feu ».

LE ROBOT POMPIER HUMANOÏDE

Développé par des étudiants de UCLA (Université de Californie) et de l'Université de Pennsylvanie, Thor-Op est capable de conduire un véhicule, d'ouvrir et de fermer des portes, mais surtout de manipuler une lance à incendie ! Grâce à ses matériaux très résistants et à un logiciel lui permettant une autonomie unique dans un environnement accidenté, Thor-Op peut accompagner des pompiers pour atteindre des zones dangereuses dans des immeubles en flammes, mais aussi décider de lui-même de l'action la plus pertinente à mener pour finaliser la mission qui lui a été confiée...

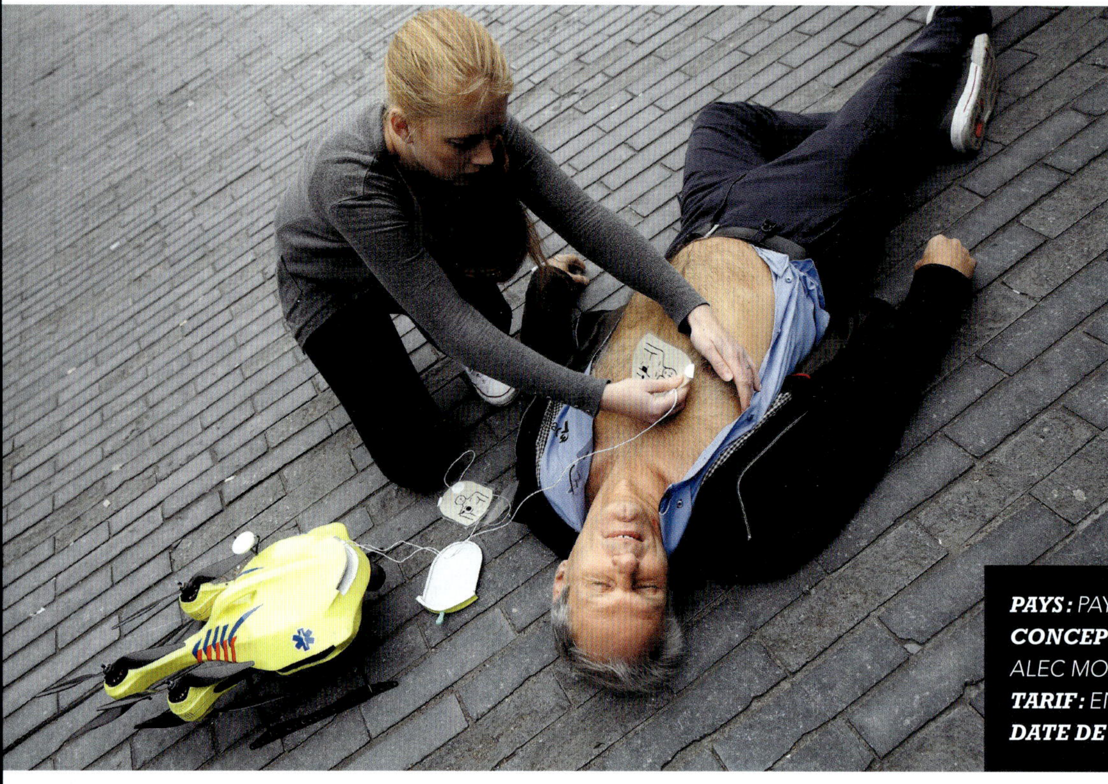

TU DELFT se destine uniquement pour l'instant aux interventions médicales d'urgence lors d'arrêts cardiaques. Mais son développement devrait lui permettre de s'adapter également à d'autres cas critiques tels que la noyade, le diabète, les problèmes respiratoires ou encore les traumatismes corporels.

PAYS : *PAYS-BAS*
CONCEPTEUR(S) :
ALEC MOMONT
TARIF : *ENVIRON 15 000 €*
DATE DE LANCEMENT : *2016*

L'AMBULANCE VOLANTE résout l'éternel problème des ambulanciers lors d'un accident de la route : éviter les embouteillages générés par l'accident lui-même.

PAYS : *ÉTATS-UNIS*
CONCEPTEUR(S) : *ARGODESIGN*
TARIF : *NC*
DATE DE LANCEMENT : *NC*

LE DRONE TU DELFT, entraîné par six hélices, peut transporter une charge de quatre kilogrammes – dans le cas ci-contre, un défibrillateur. Une fois sur les lieux, il permet à un urgentiste non présent de regarder, parler et conseiller ceux qui aident la victime à l'aide d'une caméra embarquée.

TU DELFT
Lorsqu'il n'est pas en service, le drone ambulance se replie et prend alors la taille d'une boîte à outils rangée sur une étagère, parmi d'autres outils d'urgence.

TU DELFT : LE DRONE AMBULANCE

Chaque année, près d'un million de personnes en Europe sont victimes d'un arrêt cardiaque. Seulement 8 % d'entre elles survivent en raison du délai d'intervention des services d'urgence. L'ambulance-drone Tu Delft conçue par Alec Momont, un jeune étudiant belge de l'Université technologique de Delft près de Rotterdam aux Pays-Bas, est ainsi capable de sauver de nombreuses vies grâce à son défibrillateur intégré. L'objectif est de compléter l'infrastructure d'urgence existante au sol par un réseau de drones autonomes prêts à se rendre disponibles sur des zones géographiques élargies, réduisant ainsi le temps d'accès aux tout premiers soins. Ce nouveau type de drones peut aller à plus de 100 km/h et atteindre sa destination en moins de 1 minute, ce qui augmente les chances de survie de 8 % à 80 % !

L'AMBULANCE DU FUTUR

Argodesign, agence de design en ingénierie industrielle, a inventé l'ambulance du futur : un drone détourné en cabine d'urgence médicale volante – une solution qui met à mal tous les obstacles auxquels les ambulances classiques sont généralement confrontées.
D'une taille équivalente à une petite voiture, elle est capable d'atterrir presque n'importe où et surtout d'intervenir en un temps record.
Ce quadricopter peut être piloté en mode autonome (pilotage automatique), mais aussi manuellement. Il a été conçu pour transporter jusqu'à deux personnes : le blessé et l'urgentiste.

LES ROBOTS SAUVETEURS

Puissants comme des chars d'assaut, voici les robots sauveteurs. Ils appliquent à merveille la première loi de la robotique d'Asimov : protéger les êtres humains. Désormais, ces gardiens de métal sont à vos côtés. Et vous sauvent !

TARTAN De son véritable nom CHIMP (CMU Highly Intelligent Mobile Platform) résout de nombreux problèmes moteurs qui se posaient précédemment aux robots humanoïdes.

TARTAN RESCUE ROBOT

Tartan a une physionomie humaine, mais roule sur des pistes en caoutchouc ressemblant à des chenilles de tanks, ce qui lui permet de se déplacer sur des terrains particulièrement accidentés.
Il est capable de se munir d'outils de bricolage telles des perceuses ou des scies et de réaliser des ouvertures dans les cloisons afin d'intervenir pour secourir des individus bloqués.
Tartan pourra très prochainement réaliser des interventions d'urgence après des tremblements de terre ou des éboulements. Sa motricité corporelle et son habileté manuelle en font un sauveteur hors pair. Enfin, sa tête multifonctions munie de nombreux capteurs lui fournit une perception sensorielle indispensable à l'intelligence artificielle du logiciel qui le contrôle de façon parfaitement autonome.

PAYS : *ÉTATS-UNIS*
CONCEPTEUR(S) : *CARNEGIE MELLON UNIVERSITY (CMU)*
TARIF : *NC*
DATE DE LANCEMENT : *NC*

amazon
Carnegie Mellon

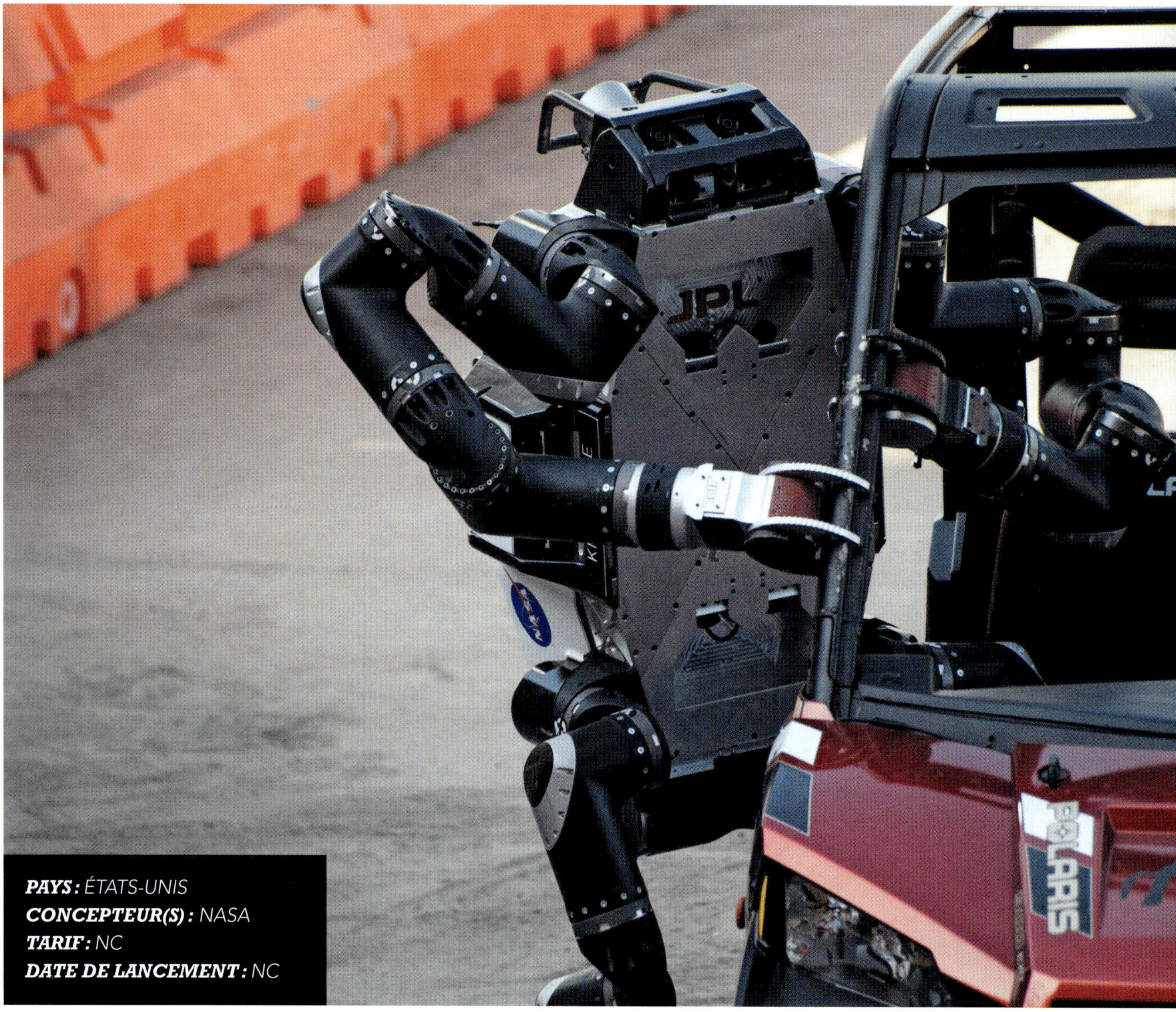

PAYS : ÉTATS-UNIS
CONCEPTEUR(S) : NASA
TARIF : NC
DATE DE LANCEMENT : NC

ROBOSIMIAN
L'extrême variété des tâches que Robosimian peut accomplir en fait l'un des robots les plus complets en matière de secourisme.

COMME LES GRANDS SINGES

Doté de quatre membres ayant la même motricité, la même taille et la même habileté, ce robot développé par le Jet Propulsion Laboratory de la NASA a été inspiré par les grands singes qui se servent autant de leurs pieds que de leurs mains, d'où son nom « simian » signifiant « simiesque » en anglais. Robosimian pourra ainsi prendre le contrôle d'un véhicule automobile pour venir à votre secours, grimper sur

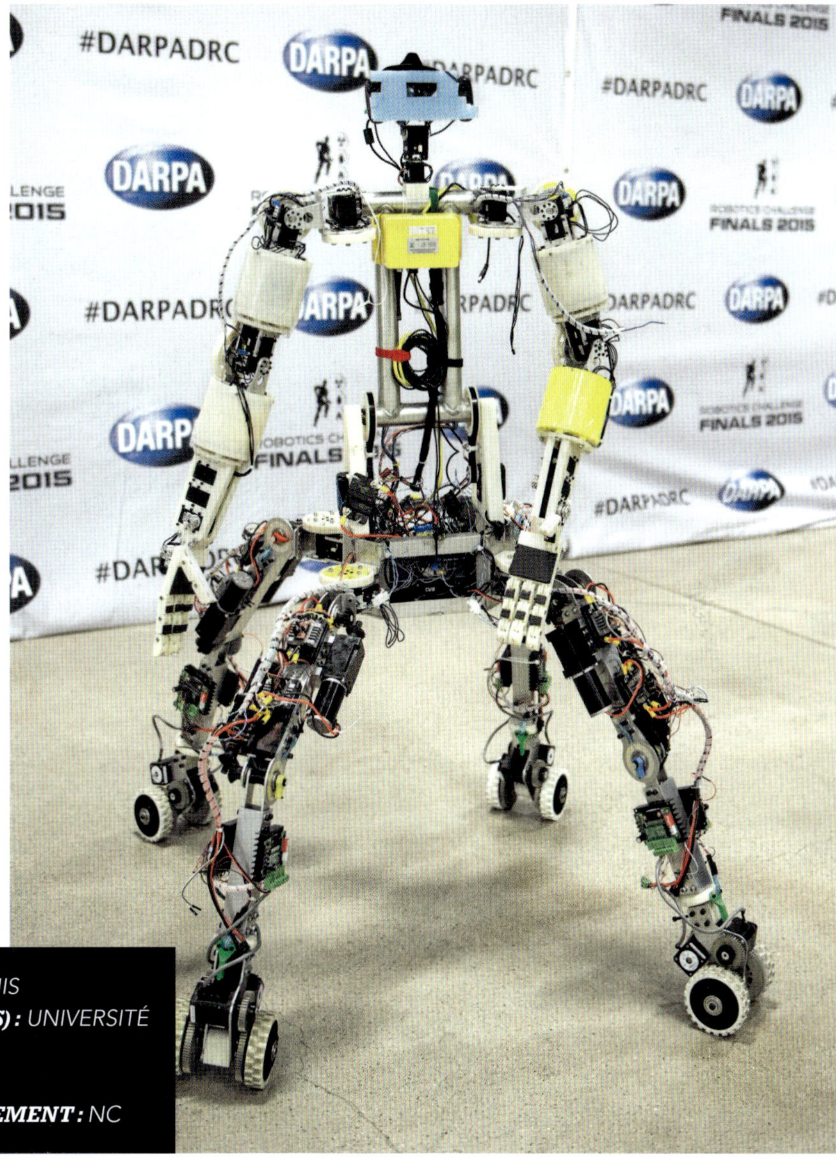

PAYS : *ÉTATS-UNIS*
CONCEPTEUR(S) : *UNIVERSITÉ DU COLORADO*
TARIF : *NC*
DATE DE LANCEMENT : *NC*

GRIT ROBOT est composé de 34 servomoteurs électriques qui lui permettent non seulement de marcher, mais surtout d'utiliser ses mains munies de cinq doigts.

une gouttière pour passer par l'ouverture d'une fenêtre, manipuler des outils pour percer un mur, grimper les marches d'un escalier « deux à deux » en courant… Il est l'un des seuls robots au monde à être tout aussi habile assis que debout grâce à des roues installées sur son postérieur… Mais gageons que la NASA le destine également à une carrière qui l'emmènera vers d'autres cieux afin d'explorer les sols martiens ou lunaires…

ACCIDENTS NUCLÉAIRES

Grit Robot, également appelé « Buddy » par ses concepteurs, a été conçu par une équipe de chercheurs de l'Université du Colorado pour intervenir lors d'accidents nucléaires, dans des zones où les radiations sont trop élevées pour permettre la présence de secouristes.
Chacune des pièces qui le compose a été imprimée en 3D dans le plastique des LEGO, extrêmement résistant !

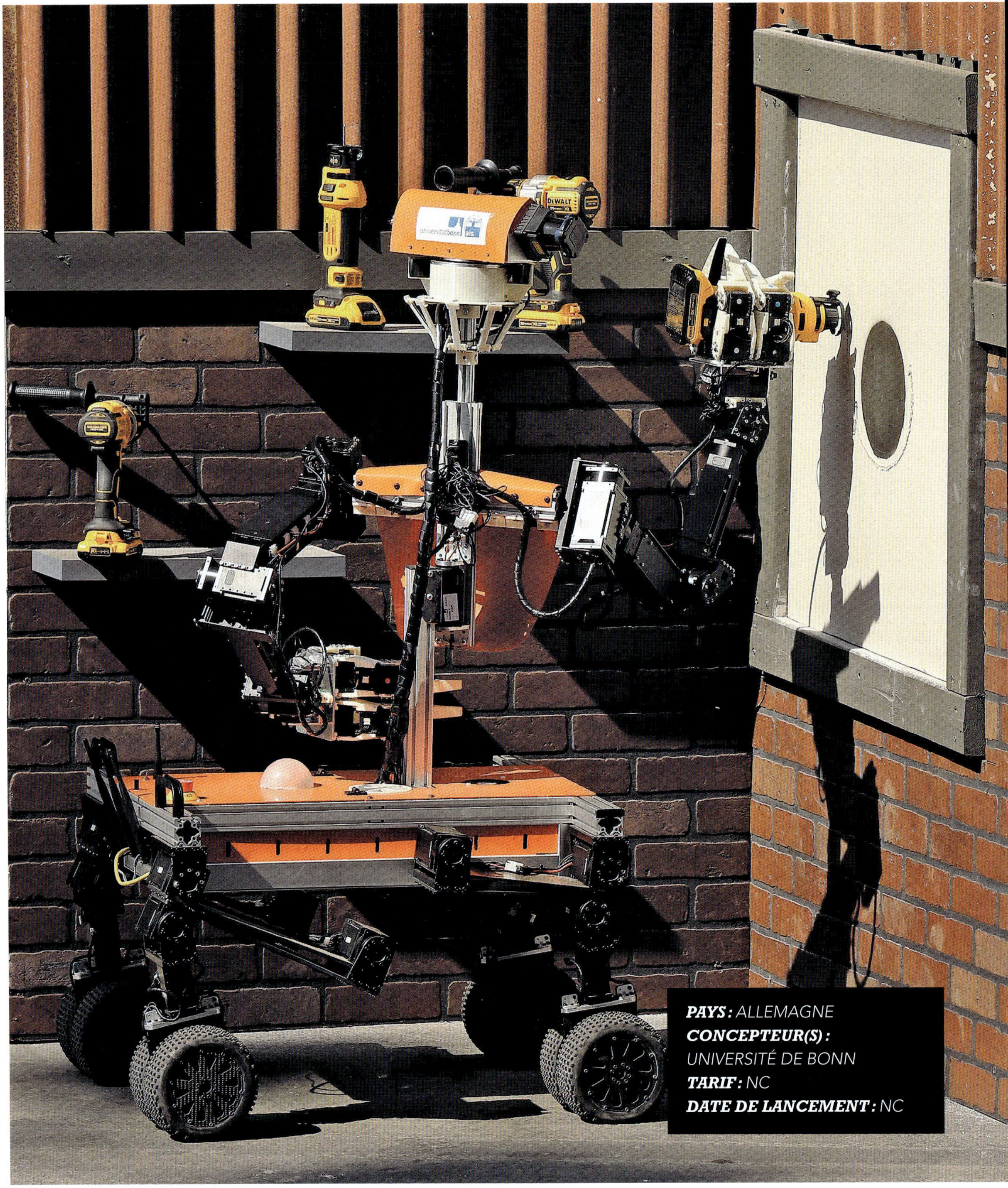

PAYS : ALLEMAGNE
CONCEPTEUR(S) :
UNIVERSITÉ DE BONN
TARIF : NC
DATE DE LANCEMENT : NC

AERO DRC est un robot très mobile avec 4 jambes munies chacune de 4 degrés de rotation, 2 bras avec 7 degrés de rotation, 2 mains avec 2 degrés de rotation, une hanche avec 3 degrés de rotation, et enfin un cou avec 3 degrés de rotation. Il pèse 50 kg et mesure 1,60 m.

PAYS : JAPON
CONCEPTEUR(S) : UNIVERSITÉ DE TOKYO
TARIF : NC
DATE DE LANCEMENT : NC

NIMBRO RESCUE
L'interface de contrôle de ce robot comprend un volant, une pédale pour la conduite automobile, une manette omnidirectionnelle, un casque immersif et des capteurs de mouvement sur les mains qui permettent d'utiliser mimétiquement les doigts du robot.

INTERVENTION À 360 °

Afin de porter assistance dans tout type d'environnement, Nimbro Rescue a un tronc humanoïde muni de quatre jambes à roues souples. Chacun de ses membres étant rotatif, il est ainsi capable de se déplacer sur un terrain accidenté, ainsi que de monter des escaliers. Sa tête contient également un scanner laser 3D et une douzaine de caméras qui lui permettent de filmer et d'analyser à 360 °.
Le groupe AIS (Systèmes intelligents autonomes) de l'Université de Bonn en Allemagne utilise ce robot pour mettre en pratique ses développements dans le domaine des sciences cognitives artificielles et de l'apprentissage « machine ».

QUATRE JAMBES

Aero DRC est assurément l'un des robots humanoïdes les plus mobiles jamais conçus. Alors que ses concepteurs l'avaient initialement pourvu de deux jambes, ils ont eu l'idée géniale… de lui en ajouter deux de plus ! Ce quadripode d'un nouveau genre déploie sa motricité tant dans les pentes que dans les escaliers, sur les sols meubles ou les terrains très accidentés.

EMILY
Les garde-côtes grecs de l'île de Lesbos utilisent depuis janvier 2016 le robot aquatique de sauvetage Emily. Ce dernier est capable de détecter les naufragés en détresse et de rapatrier jusqu'à cinq personnes à la fois vers la terre ferme.

PAYS : *ÉTATS-UNIS*
CONCEPTEUR(S) : *HYDRONALIX CORP.*
TARIF : *3 000 €*
DATE DE LANCEMENT : *2015*

SAUVETAGE EN MER

Emily et ses détecteurs de noyade filent à une vitesse d'environ 32 km/h. Sa flottaison est suffisante pour lui permettre de rapatrier jusqu'à cinq naufragés à la fois vers la terre ferme, et d'effectuer plusieurs allers-retours... Le procédé se résume en une bouée de sauvetage couplée à une sorte de jet-ski. Emily mesure plus d'un mètre de long, et doit être contrôlé à distance par un opérateur. Les personnes en détresse s'accrochent à une corde longue de 600 mètres avant que le sauveteur rembobine la ligne. En revanche l'autonomie en mer du robot se limite à 20 minutes au maximum, ce qui empêche de l'utiliser sur des distances importantes.

PAYS : IRAN
CONCEPTEUR(S) :
RTS LABORATORY
TARIF : À PARTIR DE 18 000 €
DATE DE LANCEMENT : 2015

PARS est un drone quadricoptère d'assistance en mer qui peut être déployé à partir de la rive ou de navires. Il ne comporte pour l'instant que trois bouées auto-gonflantes mais ses concepteurs envisagent d'en placer jusqu'à quinze.

UN DRONE DIGNE D'« ALERTE À MALIBU »

Plus de 1000 personnes meurent chaque année noyées en mer, sur le littoral français. Ce chiffre est-il une fatalité ? Les nouvelles technologies pourraient-elles nous permettre de sauver certaines de ces vies ?
Une équipe de roboticiens iraniens du RTS Lab de Téhéran ont fait ce même constat le long des côtes de la mer Caspienne et du golfe Persique. Ils ont eu l'idée de développer un drone pour secourir les personnes qui se noient près des côtes – et cela fonctionne ! Un quadricoptère muni de bouées auto-gonflantes, un opérateur qui pilote l'engin depuis la côte, et le tour est joué !

LES SCANNERS

Ils voient désormais ce que l'homme croit voir. Vigilants, protecteurs, leurs yeux numériques plongent au cœur de l'invisible, scrutent les plus infimes fragments de notre peau, de nos veines, de nos aliments, à la molécule près. Voici les gardiens du nano-monde.

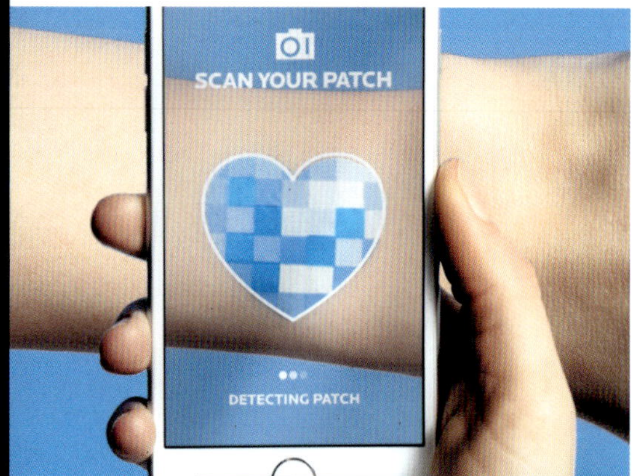

PAYS : *FRANCE*
CONCEPTEUR(S) : *L'ORÉAL*
TARIF : *NC*
DATE DE LANCEMENT : *2017*

PLUS DE COUPS DE SOLEIL

Voici le tout premier capteur électronique flexible conçu pour aider le grand public à adopter la bonne protection solaire en fonction du type de peau et de la dose de rayons solaires UV reçue. Avec une surface d'environ 2,5 cm – et une épaisseur de 50 micromètres, le patch My UV intègre des colorants photosensibles qui jouent le rôle de dosimètres : la couleur change en fonction de la dose d'UV reçue.

PROCTECTION SUR MESURE Les utilisateurs prennent une photo du patch et la transmettent à l'application My UV Patch. Cette dernière analyse les données recueillies et délivre des conseils personnalisés pour mieux se protéger.

L'ÉCRAN E-SKIN

Cette « peau électronique » ultramince transforme votre corps en un écran LED. L'utilisation la plus évidente consisterait à remplacer les capteurs sportifs et les capteurs médicaux (rythme cardiaque, taux d'oxygène dans le sang, etc.). Va-t-on transformer notre corps en écrans d'affichage LED multifonctions ? L'avenir nous le dira...

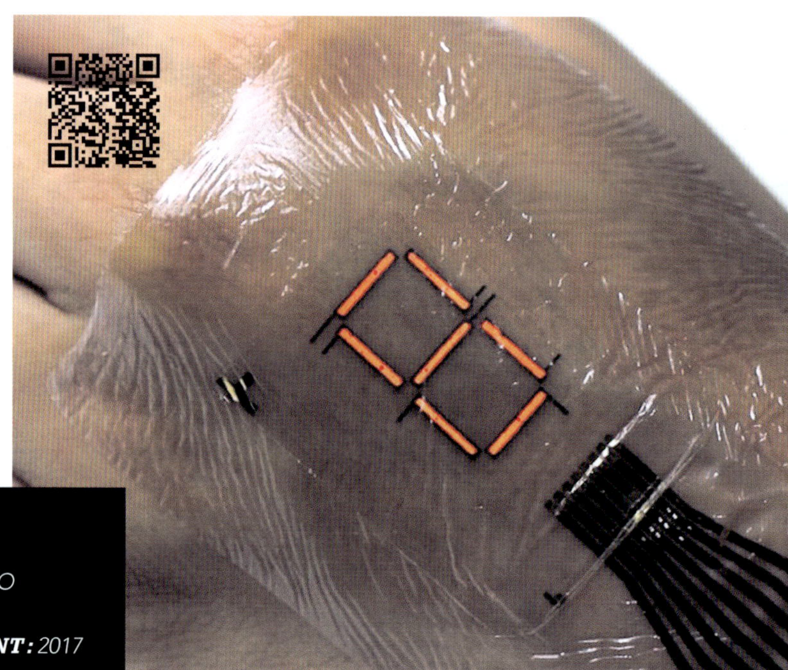

UNE SECONDE PEAU Développés par des chercheurs à Tokyo, au Japon, ces affichages électroniques super-flexibles sont les plus minces jamais conçus : 3 micromètres d'épaisseur, soit 0,003 mm – plus de 13 fois plus mince qu'un cheveu humain !

PAYS : *JAPON*
CONCEPTEUR(S) :
UNIVERSITÉ DE TOKYO
TARIF : *NC*
DATE DE LANCEMENT : *2017*

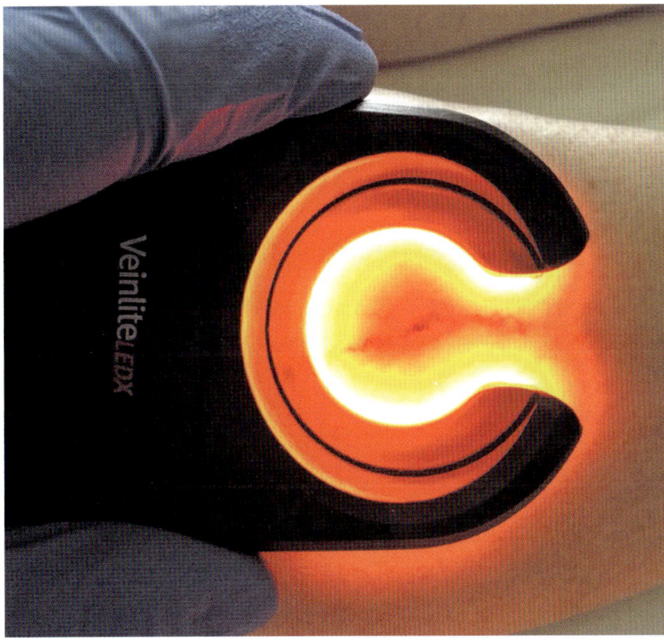

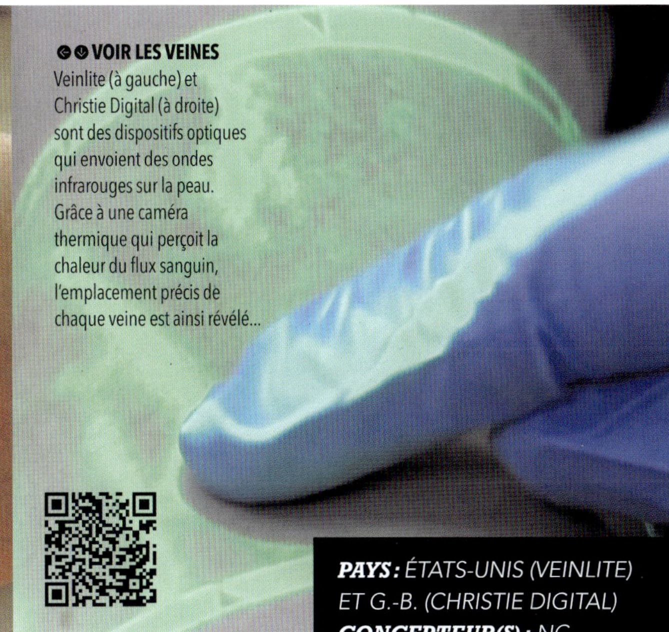

VOIR LES VEINES
Veinlite (à gauche) et Christie Digital (à droite) sont des dispositifs optiques qui envoient des ondes infrarouges sur la peau. Grâce à une caméra thermique qui perçoit la chaleur du flux sanguin, l'emplacement précis de chaque veine est ainsi révélé...

PAYS : *ÉTATS-UNIS (VEINLITE) ET G.-B. (CHRISTIE DIGITAL)*
CONCEPTEUR(S) : *NC*
TARIF : *550 €*
DATE DE LANCEMENT : *2016*

TROUVER LES VEINES

Qui a déjà été perfusé dans le cadre d'une hospitalisation comprendra aisément à quel point ce dispositif est fantastique ! Chaque personne a une anatomie veineuse différente et la peau laisse plus ou moins apparaître la zone ciblée de quelques millimètres seulement que cible l'aiguille.
Et il est fréquent que l'infirmière s'y reprenne à plusieurs fois ou qu'elle ne trouve pas du tout la veine : grâce à ces nouveaux scanners, le tracé veineux devient fluorescent !

DÉTECTER LE GLUTEN

Nima est un petit scanner conçu pour vous alerter lorsque la fraction protéique du grain de blé, le célèbre gluten, se trouve dans votre nourriture. Pour cela, il ne lui faudra que deux minutes chrono.
Une innovation extraordinaire pour les personnes allergiques...

LE NIMA-GLUTEN
Prélevez un échantillon d'aliment que vous déposez dans une petite capsule à usage unique au-dessus du capteur. Un seul bouton à presser et au bout de 2 minutes, si l'affichage indique un smiley triste, l'aliment contient du gluten. Un smiley vert souriant, la voie est libre !

PAYS : *ÉTATS-UNIS*
CONCEPTEUR(S) : *NIMA CORP.*
TARIF : *225 €*
DATE DE LANCEMENT : *2016*

GUÉRIR

Les chercheurs bousculent actuellement les limites de la médecine jusqu'à un niveau jamais atteint. Voici un aperçu de ce qui nous attend prochainement à travers quelques-unes des inventions les plus marquantes du monde médical...

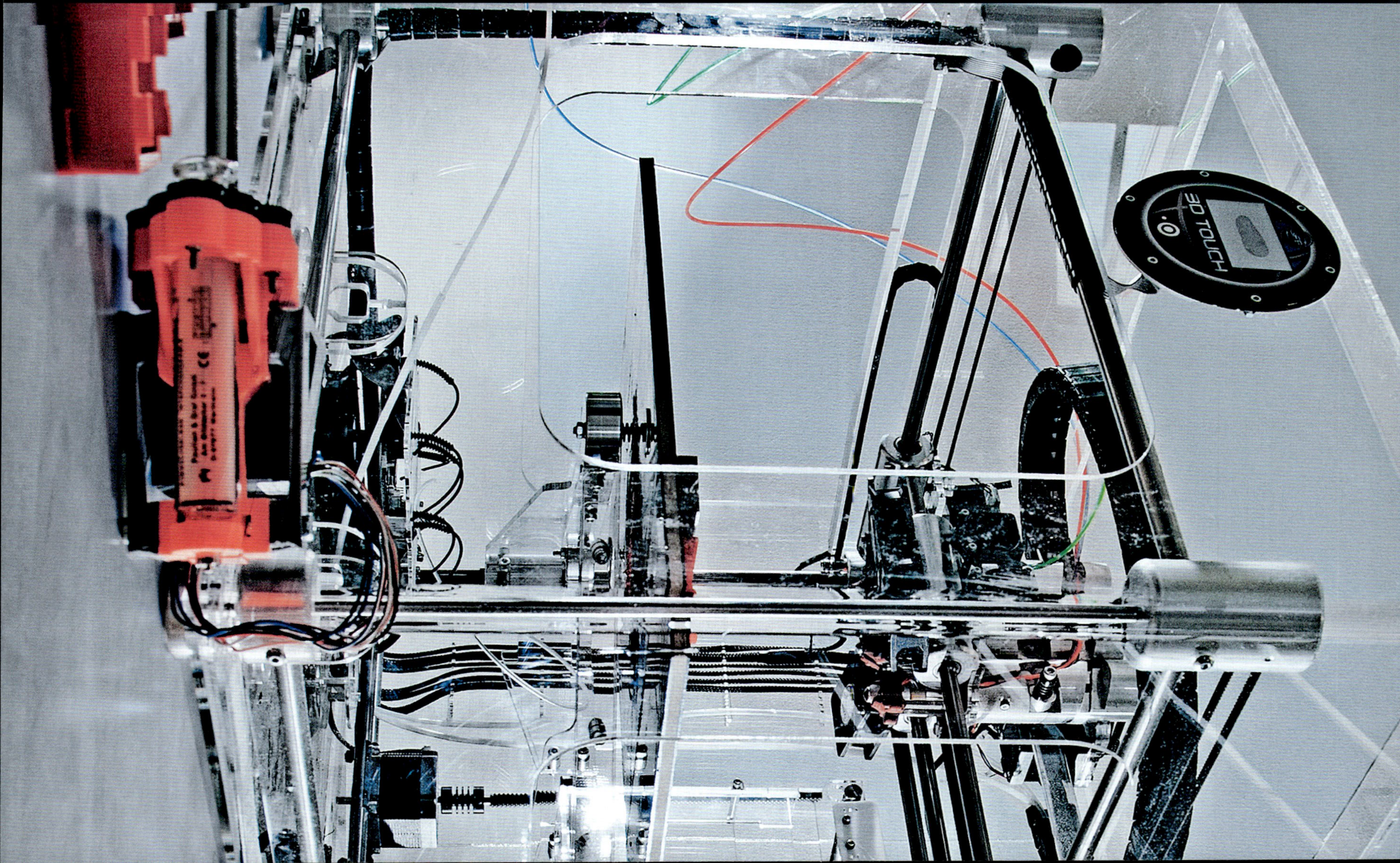

LE « CHEMPUTER » D'ici la fin de l'année 2016, Lee Cronin et son équipe de l'Université de Glasgow seront en mesure d'imprimer de l'ibuprofène – un anti-inflammatoire très commun – dans leur imprimante 3D également appelée « chemputer » portable.

IMPRIMER SES MÉDICAMENTS

Presque tous les médicaments sont constitués de carbone, d'hydrogène et d'oxygène. Ces molécules fondamentales de la chimie pharmaceutique sont complétées par des constituants simples comme l'huile végétale ou la paraffine. Partant de ce constat et sachant qu'il est techniquement possible d'imprimer des molécules, Lee Cronin, directeur du Laboratoire de Chimie de l'Université de Glasgow en Grande-Bretagne, a eu l'idée extraordinaire de concevoir un système qui permettrait de télécharger une prescription médicale et d'imprimer à domicile n'importe quel médicament ! « Pour trouver vos encres, vous allez au tableau périodique des éléments ! », affirme-t-il non sans humour. Et avec une quantité « d'encre » relativement faible, il vous sera prochainement possible d'imprimer la plupart des molécules organiques de l'industrie pharmaceutique… Doit-on craindre le piratage informatique et les réseaux pair à pair (peer-to-peer) comme dans le téléchargement illégal de musique ? Les organisations criminelles pourraient-elles alors imprimer des drogues ? À suivre…

PAYS : *GRANDE-BRETAGNE*
CONCEPTEUR(S) : *LEE CRONIN*
TARIF : *NC*
DATE DE LANCEMENT : *2018*

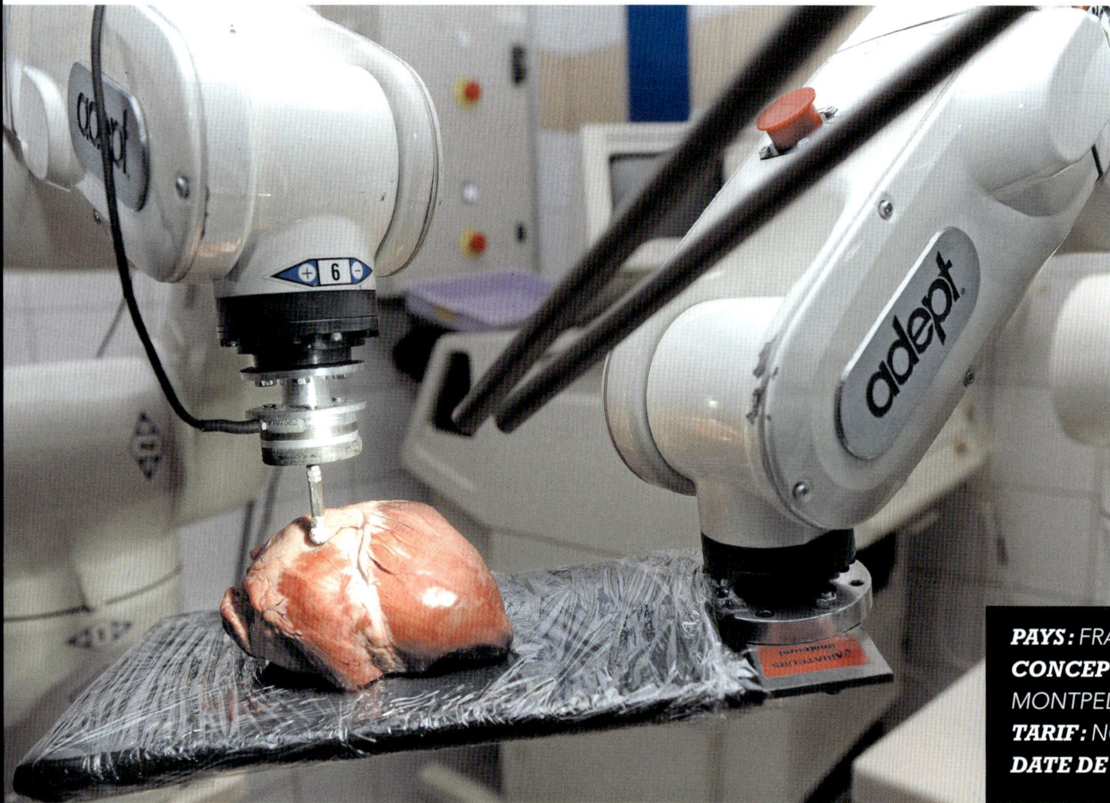

COMPENSER LES MOUVEMENTS DU CŒUR lors d'une intervention en chirurgie cardiaque sur un cœur battant : le Laboratoire d'Informatique, de Robotique et de Microélectronique de Montpellier (LIRMM) de l'Universite Montpellier II a réussi cette prouesse en améliorant un robot chirurgien développé par la société californienne Adept.

PAYS : FRANCE
CONCEPTEUR(S) : UNIVERSITÉ MONTPELLIER II
TARIF : NC
DATE DE LANCEMENT : NC

OPÉRER À CŒUR BATTANT

Totalement révolutionnaire, ce robot français est spécialisé dans les opérations à cœur ouvert !
Le temps d'intervention étant réduit pour assurer la survie du patient, cette aide robotisée améliore grandement la rapidité d'exécution du chirurgien ainsi que la précision de son geste.

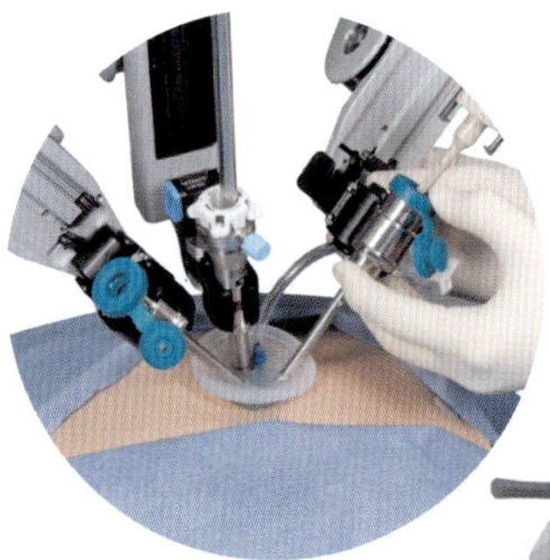

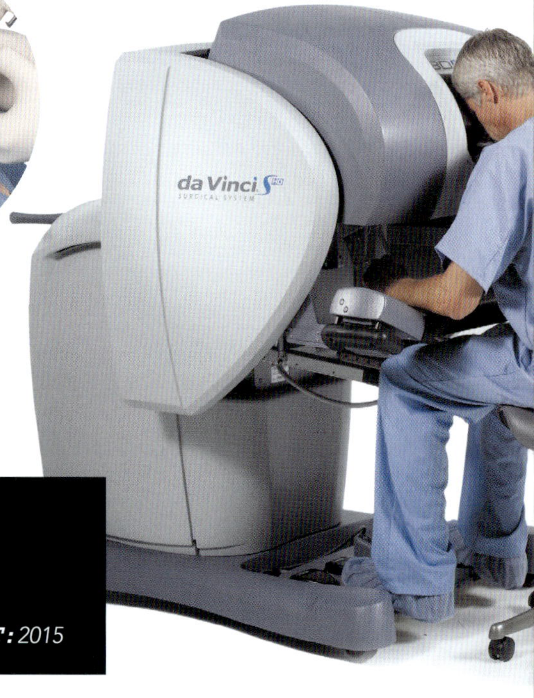

UN ROBOT CHIRURGIEN MULTITÂCHES

Le système de chirurgie Da Vinci repose sur un ensemble de bras robotisés que les chirurgiens peuvent contrôler lors de leurs interventions chirurgicales. La démonstration de l'appareil a été réalisée en greffant une partie de la peau d'un raisin qui a été suturée avec finesse et précision ! Da Vinci a depuis été utilisé en condition réelle pour l'ablation

PAYS : ÉTATS-UNIS
CONCEPTEUR(S) : MEDTRONIC
TARIF : 1,8 MILLION €
DATE DE LANCEMENT : 2015

d'une vésicule biliaire. Les opérations peuvent être accomplies par un trou chirurgical inférieur à deux centimètres.

LA FRAISE AU LASER

Si on pense au forage aigu à la fraise ou au douloureux taillage des dents, il est facile de comprendre pourquoi les gens redoutent d'aller chez le dentiste. Or, depuis 2014, le dispositif laser Solea offre une alternative que nos dentistes semblent ignorer ! Soigner une carie, assainir une racine, ajuster une couronne, le laser fait tout cela et bien plus encore : sur les dents comme sur les gencives, il ne provoque ni saignement ni douleur, même sans anesthésie. Vive la nouvelle chirurgie dentaire !

PAYS : ÉTATS-UNIS
CONCEPTEUR(S) : CONVERGENT DENTAL
TARIF : NC
DATE DE LANCEMENT : 2014

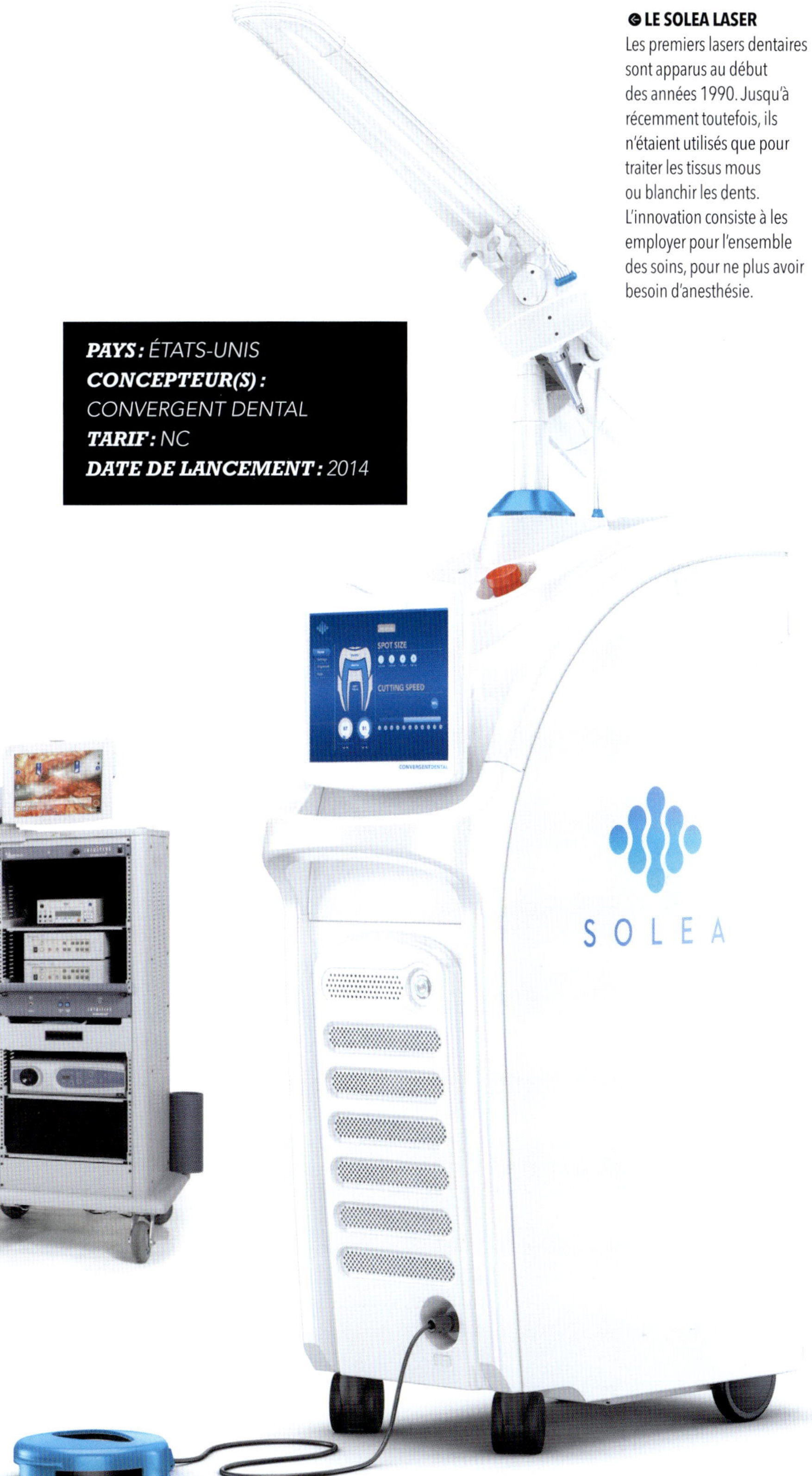

LE SOLEA LASER
Les premiers lasers dentaires sont apparus au début des années 1990. Jusqu'à récemment toutefois, ils n'étaient utilisés que pour traiter les tissus mous ou blanchir les dents. L'innovation consiste à les employer pour l'ensemble des soins, pour ne plus avoir besoin d'anesthésie.

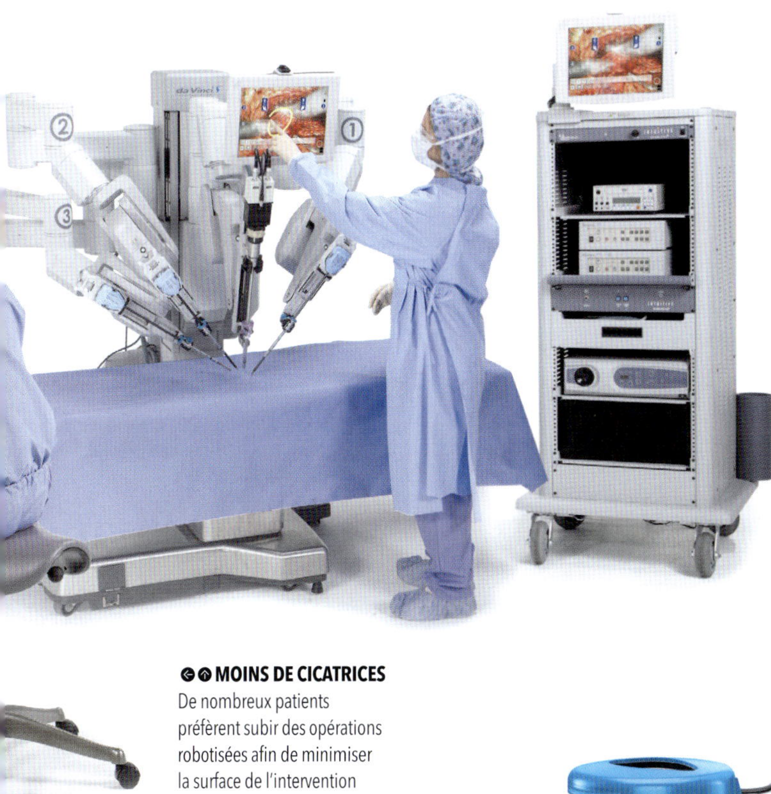

MOINS DE CICATRICES
De nombreux patients préfèrent subir des opérations robotisées afin de minimiser la surface de l'intervention et les cicatrices.

LE FOC.US
Le courant continu du casque traverse une région prédéterminée de votre cerveau afin de la stimuler. Dans le cas du FOC.US, le courant continu passe entre la cathode et l'anode, qui sont placées sur le cortex préfrontal.

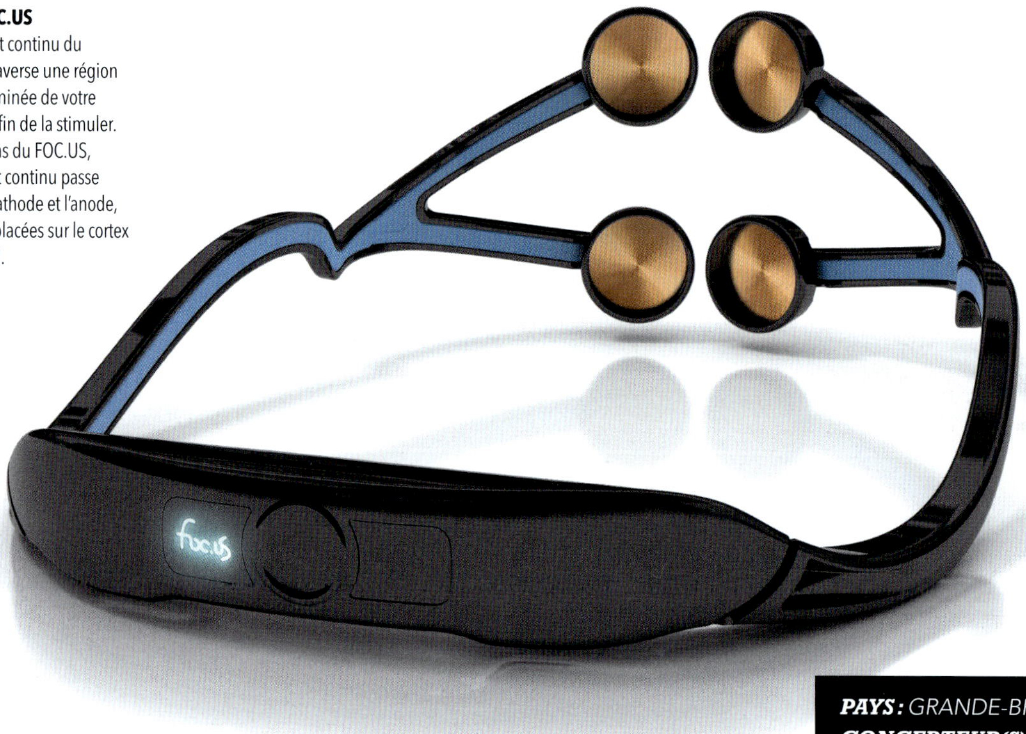

PAYS : GRANDE-BRETAGNE
CONCEPTEUR(S) : MIKE OXLEY (FOC.US)
TARIF : À PARTIR DE 100 €
DATE DE LANCEMENT : 2016

DEUX CAMÉRAS VIDÉO
La capsule PillCam mesure 11,4 mm par 31 mm et contient deux caméras vidéo couleur, huit diodes électroluminescentes (LED), une batterie à l'oxyde d'argent et un émetteur radio. Le patient avale la capsule, qui transite en toute sécurité dans son appareil digestif, avant d'être éliminée naturellement par excrétion.

PAYS : ÉTATS-UNIS
CONCEPTEUR(S) : GIVENIMAGING
TARIF : 27 € LA PILULE JETABLE
DATE DE LANCEMENT : 2015

UNE PILULE ENDOSCOPE

Et si les médecins avaient une caméra de la taille d'une pilule qui permettait de filmer l'intérieur de l'intestin ? PillCam la pilule endoscope est née ! Une fois la capsule ingérée, le patient peut retourner à la plupart de ses activités quotidiennes.

La capsule passe naturellement par le système digestif. Plus de 50 000 images de l'intestin grêle sont ainsi transmises sans fil à un récepteur porté par le patient et les médecins peuvent identifier visuellement les anomalies potentielles en visionnant le « film » de cette digestion.

LE DOPAGE CÉRÉBRAL PAR ONDES ÉLECTRIQUES

Imaginez un simple serre-tête qui stimule électriquement certaines

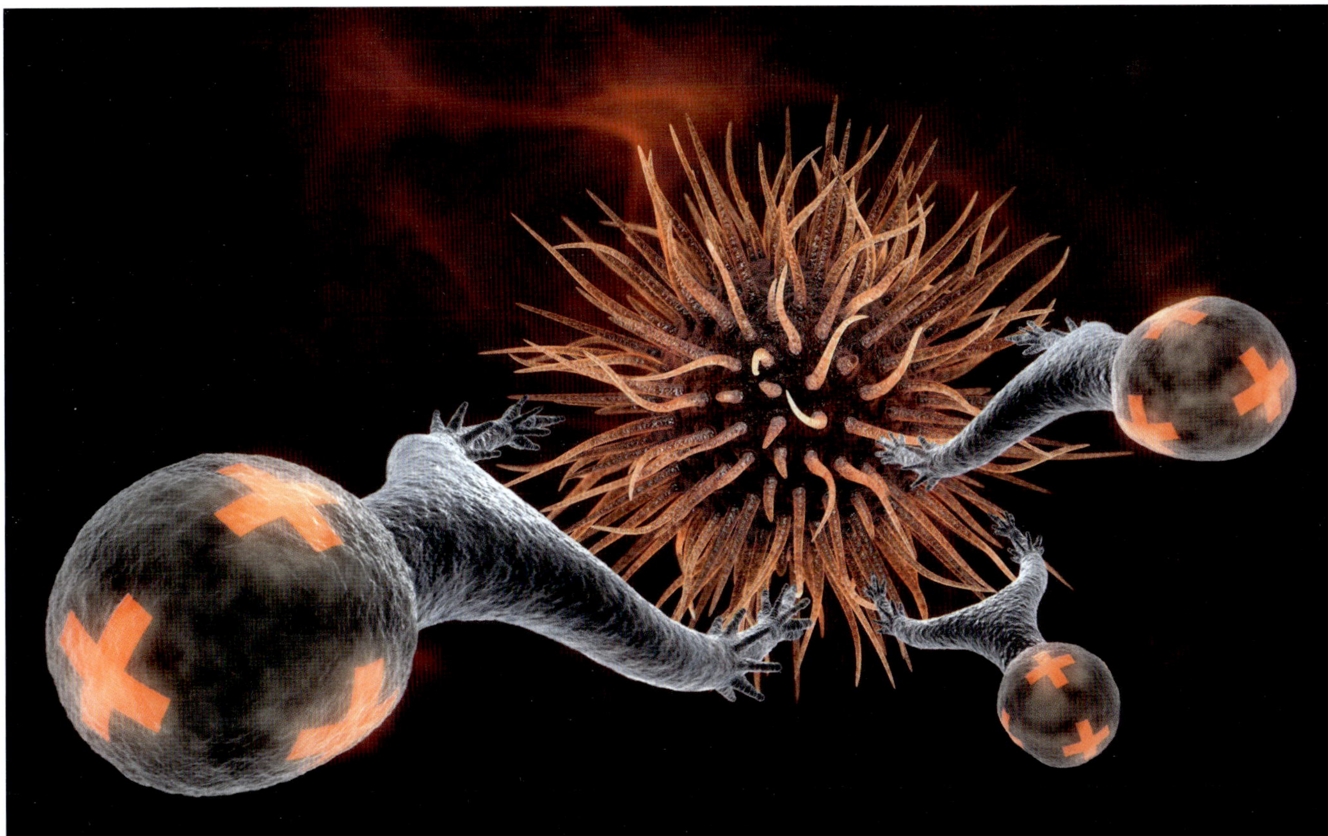

PAYS : FRANCE
CONCEPTEUR(S) : PATRIZIA PATERLINI-BRECHOT
TARIF : 500 € PAR TEST
DATE DE LANCEMENT : 2016

LA TECHNIQUE ISET
Fait très simplement avec une prise de sang, ce test permet de prévenir et de traiter le plus tôt possible la maladie bien avant son apparition, en identifiant les traces des premières métastases (flèches ci-dessous).

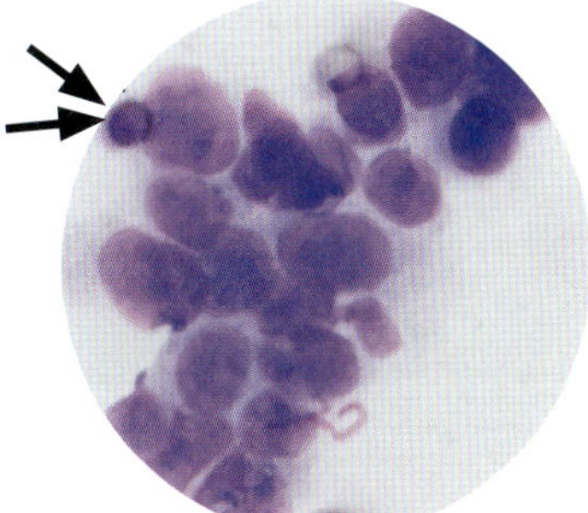

zones cérébrales liées à la concentration ou à la dépression… Librement accessible et sans danger pour peu que l'on respecte les indications de bon sens du fabricant…

LE DIAGNOSTIC PRÉCOCE DES CANCERS

Le cancer est la première cause de mortalité dans les pays occidentaux bien que beaucoup d'entre eux soient guérissables s'ils sont diagnostiqués à temps. Dès 2016, le test basé sur la technique ISET permet de détecter les cellules tumorales dans le sang de façon très précoce – plusieurs années avant – quand la tumeur n'est pas encore détectable en imagerie. Ce test, déjà accessible au public, consiste en une simple prise de sang et permettra, pour la première fois, de gagner la course de vitesse contre le cancer.
Dans un futur proche, le test pourra inclure l'analyse à grande échelle de l'ARN des cellules tumorales pour identifier leur organe d'origine et celle de leur ADN pour identifier le traitement capable de les éliminer. Nous serons alors beaucoup mieux armés pour faire reculer de manière décisive l'ensemble des cancers.

POSTFACE

VERS L'INFINI ET AU-DELÀ

Notre voyage au cœur de la modernité s'achève.
Mais restons encore quelques instants rassemblés, entre deux rames de l'histoire humaine. Celle que nous venons de traverser, tremblant des mêmes rêves, et celle qui au-delà du temps visible, émergera des eaux profondes de l'avenir.
Quel est donc la part de secret, la variable cachée du phénomène humain et de l'éblouissante spirale technicienne qu'il engendre ? Quel est le sens encore indéchiffré de notre évolution apparemment si longue et pourtant si brève à l'échelle des étoiles ? Depuis près de 14 milliards d'années – les mathématiciens diront 10 puissance 17 secondes – notre Univers convertit à chaque instant en matière la mystérieuse information primordiale portée à l'instant zéro par la Singularité Initiale de l'espace-temps. Depuis ce passé lointain, mis en mouvement par ce qui s'oppose au néant, le cosmos arrache des gerbes de lumière et d'atomes vagabonds au chaos incandescent des premiers feux. Et ne laisse rien au hasard. Pour aller où ? Vers un horizon encore invisible où, comme le prophétise Baudelaire, « tout n'est qu'ordre et beauté ». Un ordre émerveillé, de plus en plus grand, dont l'attracteur étrange se trouve au bout de l'histoire, dans l'idéal énigmatique qui sous-tend notre marche en avant. Là où, une fois la dernière étoile éteinte, le Beau, le Bien et le Vrai, couronnés par l'émotion esthétique, le sens éthique et la quête métaphysique se rencontreront pour ne plus se quitter.
Dans la grammaire de la modernité, chaque signe compte. Et tout fait sens. Chacun des phénomènes technologiques flamboyants que nous avons découverts d'une page à l'autre rayonne de sa lumière sublime au-delà de notre époque, éclaire notre histoire bien plus loin que tout ce que nous pouvons en dire sur le moment. Aussi revenons de temps en temps vers ces merveilles qui nous ont ailés par instants. À voix basse, ces hypermachines nous parlent d'autre chose que d'elles-mêmes. Elles s'inscrivent dans une trame bien plus vaste que leurs limites techniques, en arrière comme en avant dans les cycles du temps. En profondeur, elles nous indiquent un axe transcendant, très au-dessus de nous, dans l'éventail immense des savoirs qui nous ont mis en marche, il y a longtemps. Et qui ont rendu l'homme plus humain, en allumant des clairières dans la sombre nuit de la nature.

L'histoire se lève, belle comme le vent. Elle ne disperse pas ses signes au hasard. Un monde encore bien différent de celui que nous venons de traverser monte à l'horizon. Nous vous donnons à tous rendez-vous pour être les premiers à en dégager les fascinants contours dans les gouffres du temps.

LÉGENDES DES IMAGES D'ENTRÉES DE CHAPITRE

p. 4 : City Infrastructure (concept).
p. 6 : SpaceDive (concept).
p. 8 : Rise of the Machines (concept).
p. 10 : UrbanCity (concept).
pp. 12-13 : DeusExMachina - véhicule de transport (concept).
pp. 80-81 : City(E)scape (concept).
pp. 126-127 : Mega Structures (concept).
pp. 164-165 : Bio Print (concept).

CRÉDITS PHOTOGRAPHIQUES

ROBOTICS LTD ; p. 108 : © VCG/GETTY IMAGES ; p. 109 : h © HERMAN HAYDIN/ELECTROLUX, b © BIRMINGHAM MAIL ; p. 110 : h © BIOZOON GMBH, b © STOREBOUND ; p. 111 : © 3D SYSTEMS ; p. 112 : © VELTERVREE ; p. 113 : h © RADHIKA SETH/ELECTROLUX, b © SMARTER APPLICATIONS LTD ; p. 114 : h © GOSUN STOVE, b © ISAAC LAVI ; p. 115 : © DOMINO PIZZA GROUP ; p. 116 : © CONSUMERPHYSICS ET DIETSENSOR ; p. 117 : h © PHILIPPS, b © DIONYSUS TECHNOLOGY CONCEPTS INC. ; p. 118 : h © V. ZALCBERG ET E. GOLDEMBERG, b © STUDIOBANANATHINGS ; p. 119 : © YONHAP NEWS/NEWSCOM/SIPA ; p. 120 : b © HIDDEN ; p. 120-121 : © ZIVIX LLC ; p. 121 : © MURATA MANUFACTURING CO. LTD. ; p. 122 : © QUENTIN DEBAENE ; p. 123 : h © THREADSMITHS, b © FALYON ; p. 124 : © NIKE/TINKER HATFIELD/TIFFANY BEERS ; p. 125 : h © VIBRAM, b © SHIFTWEAR ; pp. 126-127 : © KOLLECTED PTY LTD ; p. 128 : © GLOWING PLANT LLC ; pp. 128-129 : © NEW WIND ; p. 129 : © POLYSOLAR LTD ; p. 130 : © DESERT RESEARCH INSTITUTE ET DRONE AMERICA ; p. 131 : h © WATER-GEN LTD, b © GLOBAL SUPERTANKER SERVICES ; p. 132 : DIY OCEAN EXPLORERS/OPENROV ; p. 133 © OSADA/SEGUIN/DRASSM ; p. 134 : © S.C.P. MARINE INNOVATION ; p. 135 : h © PHILOMENE LAMBAERE, b © TRITON SUBS ; pp. 136-137 : © WATG ; p. 138 : © BRANCH TECHNOLOGY ; p. 139 : © : SKIDMORE/OWINGS & MERRILL LLC ; pp. 140-141 : © MX3D ; p. 142 : © HITACHI ; p. 143 : h © MOTF (MUSEUM OF THE FUTURE), b © SUNHOUSE 360 ; p. 144 : h © KULAPAT YANTRASAST/COURTESY OF REVOLUTION PRECRAFTED, b © J. MEYER/REVOLUTION PRECRAFTED ; p. 145 : © NICE ARCHITECTS ; pp. 146-147 : © STEVE LEE ; p. 148 : © MITCHELL JOACHIM/TERREFORM ONE ; p. 149 © BULBO ; pp. 150-151 : © GROWING UNDERGROUND LTD ; p. 152 : h © FREIGHT FARMS LTD, b © PLANTUI OY ; p. 153 : © DESIGNLIBERO/NASA ; pp. 154-155 : © OVA STUDIO LTD ; pp. 156-157 : © ROGERS STIRK HARBOUR PARTNERS ; pp. 158-159 : © DRYDOCKS WORLD ; p. 160 : © MANTA RESORT LTD ; p. 161 : © MARGOT KRASOJEVIC ; p. 162 : © SAVIOKE ; p. 163 : © HOLLEYWEB ; pp. 164-165 : © KOLLECTED PTY LTD ; p. 166 : h © MAGIRUS GMBH, b © OMER HACIOMEROGLU ; p. 167 : © UCLA/UNIVERSITY OF PENNSYLVANIA ; p. 168 : © ALEC MOMONT/TU DELFT ; p. 169 : © ARGODESIGN ; pp. 170-171 : © CARNEGIE MELLON UNIVERSITY (CMU)/CHIP SOMODEVILLA/GETTY IMAGES ; p. 172 : © NASA/JPL-CALTECH ; p. 173 : © UNIVERSITY OF COLORADO ; p. 174 : © UNIVERSITY OF BONN/CHIP SOMODEVILLA/GETTY IMAGES ; p. 175 : © UNIVERSITY OF TOKYO ; p. 176 : © HYDRONALIX CORP. ; p. 177 : © RTS LABORATORY ; p. 178 : h © L'OREAL, b © UNIVERSITY OF TOKYO ; p. 179 : h © VEINLITE, b © CHRISTIE DIGITAL, © NIMA CORP ; pp. 180-181 : LEON CSERNOHLAVEK/WIRED © THE CONDE NAST PUBLICATIONS LTD ; p. 182 : © DAMOURETTE/SIPA ; pp. 182-183 : © MEDTRONIC ; p. 183 : © CONVERGENT DENTAL ; p. 184 : h © TRANSCRANIAL LTD, b © GIVENIMAGING ; p. 185 : h © KOLLECTED PTY LTD, b © ISET.

Co-auteur : Gilles Harpoutian
Conception graphique : Caroline Lormeau
Responsable éditoriale : Gaëlle Lassée,
assistée de Fanny Morgensztern et Manon Clercelet
Fabrication : Titouan Roland
Photogravure : Bussière

ISBN : 978-2-0813-7991-6
N° d'édition : L.01EBAN000444.N001
Dépôt légal : septembre 2016

Flammarion S.A.
87, quai Panhard et Levassor
75647 Paris Cedex 13
editions.flammarion.com

Achevé d'imprimer par Gorenjski tisk storitve, Slovénie, en août 2016.